LEARNING GUIDE TO INTEGRATED CIRCUITS

集成电路学习指南

姜岩峰 著

化学工业出版社

·北京·

内容简介　本书是一本集成电路领域入门与职业规划指导读物，在介绍芯片行业主要就业方向及所需技能的基础上，特别增加了对关键技术领域的讲解，包括集成电路设计、制造、封装、测试等环节的核心技术内容，帮助读者从技术层面了解不同岗位的专业要求。全书通过生动的社交对话和原创卡通角色，将技术知识转化为易于理解的形式，兼顾趣味性和知识性。

本书适合集成电路领域的学生和初级工程师阅读学习。

图书在版编目（CIP）数据

集成电路学习指南 / 姜岩峰著. -- 北京 : 化学工业出版社，2025. 11. -- ISBN 978-7-122-49172-5

Ⅰ. TN4-62

中国国家版本馆CIP数据核字第202590R6H1号

责任编辑：于成成　宋　辉　　　文字编辑：袁　宁
责任校对：王　静　　　装帧设计：王晓宇

出版发行：化学工业出版社
（北京市东城区青年湖南街13号　邮政编码100011）
印　　装：天津千鹤文化传播有限公司
787mm×1092mm　1/16　印张16¾　字数416千字
2026年2月北京第1版第1次印刷

购书咨询：010-64518888　　　售后服务：010-64518899
网　　址：http://www.cip.com.cn
凡购买本书，如有缺损质量问题，本社销售中心负责调换。

定　　价：88.00元

前言
Preface

当前，集成电路行业在全球范围内迎来重大调整变革期，具体表现为集成电路（芯片）产品伴随着移动智能终端的兴起呈现爆发式增长。以物联网、车联网为代表的新型产业形态快速发展，云计算、大数据等新技术的兴起也使得集成电路技术演进出现新趋势。在此期间，全球范围内集成电路的现有格局出现加快调整的态势，投资总量及增长速度都呈现加速态势，产业集中度也快速提升，具有竞争优势的企业呈现加速吸收资源的迹象。

多年以来，全球集成电路产业的持续发展，以及发达国家集成电路产业持续在全球范围内布局及转移，再加上中国政府政策的强力支持，我国集成电路产业正在步入发展的快车道。我国集成电路的主流企业开始在国际竞争中彰显出强大的竞争力，产业并购整合及集聚效应加快凸显。

我国集成电路产业面临重大历史机遇，具体体现在：①国内集成电路设计及制造企业正在努力追赶国际先进水平，二者之间的差距不断缩小；②芯片封装测试行业的技术水平已基本接近国际领先水平。

但是仍然面临诸多挑战，包括：①中国本土的芯片产业链中各个链条之间的配合不足，需要进一步加强合作，从而形成协同效应；②国家应进一步加强政策支持的力度，并及时调整支持的重点，从而适应不断变化的产业技术发展特点等。

总体来讲，在这个重大机遇与挑战并存的时代，我国集成电路产业应努力提升企业的创新能力，充分利用蓬勃的市场，带动产业链协同可持续发展，努力实现集成电路产业跨越式发展。

为满足集成电路产业发展对人才的需求，目前国内很多高等院校开办“集成电路学院”或“微电子学院”。为帮助学生在读期间进行合理的职业规划，编者特编写本书，旨在以“非技术”的方式描述集成电路领域的几类主要职业及其特点。通过对此书的阅读，学生能够清楚了解可能的就业方向，及各方向需要掌握的专业技能。希望本书能够对于相关学生的职业规划具有一定的指导作用。

在本书的编写过程中，笔者主动接近很多年轻人，尤其是刚入学的本科生，询问他们当时填写高考志愿时的情形，也询问他们心目中集成电路从业人员的特点，为本书的内容征集了很多有益的建议。在写作过程中，得到很多年轻学生的帮助，包括毛鑫隆、周帅、毛羽菲、熊宇阳、杨健、高理想、袁静、王昭棣等，他们从年轻人的视角，设计了本书的几个角色，并且提出采用社交媒体对话的方式，为本书增添了很多有趣的内容。

特此向帮助本书出版的年轻人致谢！

著者

目录
contents

人物简介

姓名：蛋仔

职业：学生

正在开展集成电路相关内容的学习，积极好学，问题超多。

姓名：小芯

职业：教师

蛋仔的专业指导教师，耐心回答蛋仔所提的问题。

姓名：小菜

职业：工程师

入职年限：0～1年

小菜是刚毕业的大学生，处于实习期，缺乏实践经验，但虚心好学。

姓名：大兵
职业：工程师
入职年限：5 年以上
大兵是团队的“技术担当”，5 年以上的一线工作经验，是小菜的师父。

姓名：老高
职业：项目经理
入职年限：10 年以上
老高浸润行业 10 年以上，专业能力强，行业经验丰富，担任项目经理，年薪不详。

第1章

集成电路发展概述

1.1 集成电路技术发展简史

Hello，大家好，我叫蛋仔，新生一枚，正在选专业方向。听说集成电路专业是国家重点发展方向之一，得好好打听打听。

Hi，大家好，我是小芯，是一名集成电路专业的教师，我非常愿意讲讲自己了解的专业内容。

小芯老师，我对集成电路很感兴趣，听说你了解很多关于集成电路的知识，您能给我们讲讲吗？

好的，没问题呀，那接下来就让我们一起来探索关于集成电路的相关知识吧！

什么是集成电路？

半导体的范畴最为广泛，包含微电子，而微电子又包含集成电路，三者为范畴嵌套的关系。集成电路的范畴最小。

微电子，即“微米级的电子学”，而今天的集成电路均为纳米级，但“微电子”名词并未改动，或合称“微纳电子”，但含义不变。

集成电路（integrated circuit，IC）也称芯片（chip）。集成电路是指把具有一定功能的电路所需的半导体、电阻、电容等元件，以及它们之间的连接导线，全部集成在一小块衬底上，然后焊接封装在一个管壳内的电子器件。

例如：由金属（metal）-氧化物（oxide）-半导体（semiconductor）场效应晶体管（简称为MOS管）构成的数字电路或由三极管、电容、电感等元器件构成的模拟电路，将其扁平封装到芯片中，即为集成电路。

1.1.1 集成电路的发展从晶体管的诞生开始

蛋仔，你知道微电子技术是怎么起源的吗？

这个科技发展史我还不太清楚，小芯老师，快说说，一定很有趣。

追溯微电子技术的起源，得首先从半导体晶体管的发明开始。半导体物理学是固体物理学的一个分支学科，主要研究半导体中原子状态和电子状态两个方面。一个方面以晶体结构学和晶格力学为基础，另一个方面以固体电子论和能带理论为依据。微电子学就是建立在半导体物理学和固体物理学基础之上，结合电子器件、电子电路、无线电通信和系统集成发展起来的，还成为了多个领域的基础学科。

哦，原来如此。那集成电路和微电子学有啥关系呢？

集成电路是微电子学与固体电子学的一个重要分支，是在半导体材料上采用微纳工艺做出复杂的电路。所以首先你需要了解什么是电路。你知道电路是什么吗？

小芯老师，不好意思，麻烦您讲讲电路的基本知识吧。

电路就是电流的通路。形象一点说，电路类似于公路，公路上跑汽车，形成“车流”，而电路上跑电子，形成“电流”。

公路上跑汽车的时候，需要遵守交通规则，这样才能保证公路畅通和行驶安全。同样地，电路上跑的电流也要遵守“交通”规则。

道路路口的信号灯规定的“行”和“停”对应于电路的“导通”和“截止”。

高速公路和普通公路的速度不一样，上班高峰时间和其他的时间，公路的汽车拥挤程度不一样，偶尔出个交通事故也是正常现象。这些都可以在电路中找到对应的现象，只是电路遵守的是电路的规则而已。

电路中，电流的大小及导通/截止是最基本的特性。我们有一门专业课，叫电路理论，就是讲解如何分析电路特性的，这门课超重要的，一定要学好呀！

好的，明白了。那半导体器件又是什么呢？

利用半导体材料制成的各种电子器件统称为半导体器件。早在20世纪初，人们通过矿石检波器就知道半导体这种物质了，当时有人就制出了点接触矿石检波器，它实际就是最早的半导体检波器件。这种检波的特性其实就是二极管的单向导电性的特质。基于这种单向导电性，科学家建立了半导体PN结理论。

在PN结理论的指导下，科学家们先后发明了各种二极管、晶体管、MOS管等。并基于电路理论，开发了各种神奇的电路。

后来，科学家们又有了疯狂的想法，把电路里面的很多器件都同时制作在一块半导体材料上，于是出现了“集成电路”。

哇，这些聪明的科学家们太伟大了。

伟大的科学家都是从解决实际问题出发的。二极管相关理论和技术就是为解决实际需要而发展起来的。1930年前后，科学家用氧化铜制出了整流器，这是最早出现的晶体二极管，并在工业上得到了广泛应用。

二战期间，由于侦测技术的需求和大功率雷达技术的发展，对检波器提出了更高的要求。科学家们利用晶体二极管优秀的微波特性和高可靠性，开发了大功率雷达和发报机等关键装备。

所以说，半导体器件是微电子学科的核心技术。我们专业开设了“半导体器件”课程，专门讲解各种半导体器件的工作原理，一定要学好这门课哦！

在晶体二极管得到应用后，相关二极管 PN 结理论逐步建立起来，为真正进入半导体器件时代奠定了理论基础。

1947 年的圣诞节前夕，AT&T 贝尔（Bell）实验室的两位科学家 John Bardeen（约翰 • 巴丁）和 Walter Brattain （华特 • 布莱登）展示了一个由锗材料（第一代半导体材料）制作的固态电子元器件。两位科学家观察到当电流信号施加到锗晶体的接触点时，得到的输出的功率大于输入的功率。

这项研究成果于 1948 年公布。这就是世界上第一个点接触型晶体管，如图 1-1 所示。两位科学家还发明了一个单词“transistor”，是由“transfer”和“resistor”两个单词组合而成的，后来 transistor 就翻译成“晶体管”。由于这个器件有三个引脚，俗称“三极管”。

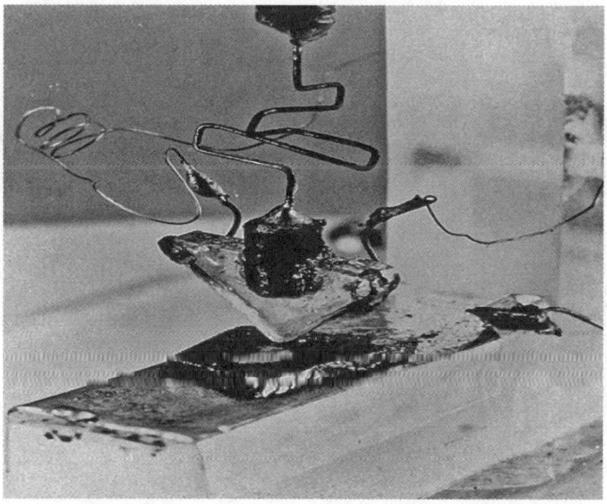

图 1-1 贝尔实验室制造的世界上第一个晶体管

约翰 • 巴丁和华特 • 布莱登两位年轻的科学家还有一个导师——William Shockley （威廉 • 肖克莱），他理论基础深厚，基于两位学生的实验结果，推导出了晶体管的工作原理，建立了半导体器件的理论模型，并在 1949 年发表了晶体管理论。同时设计出更容易量产的晶体管，这就是面接触式双极型晶体管（junctions bipolar transistor）。

威廉·肖克莱、约翰·巴丁和华特·布莱登三人因为晶体管的发明而分享了 1956 年的诺贝尔物理学奖。图 1-2 为三位科学家的工作照片。

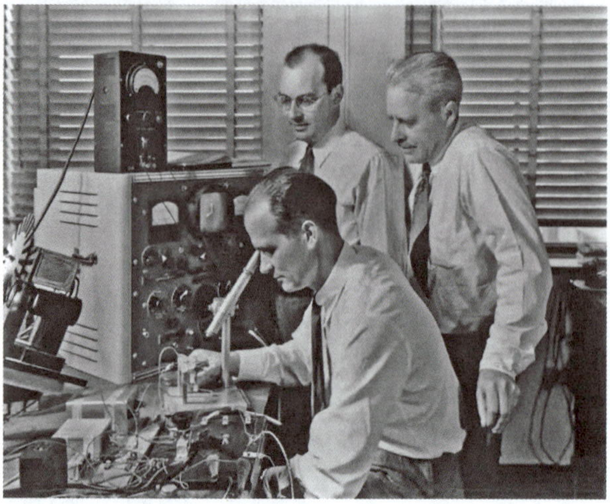

图 1-2　三位科学家：威廉·肖克莱（正前方）、约翰·巴丁（左后方）和华特·布莱登（右后方）

随着半导体理论、半导体工艺和半导体材料的不断发展，晶体管的品种增多，质量不断提高，同期半导体平面工艺也发展起来；1958 年前后，美国的 Robert Noyce 和 Jack Kilby 两人几乎同时发明了集成电路技术，晶体管半导体由器件领域的应用跨入了电路应用领域，微电子技术发展到了集成电路时代。

1.1.2　世界上第一个集成电路芯片的诞生

1957 年，在一个为了庆祝贝尔实验室发明晶体管十周年的会上，杰克·基尔比（Jack Kilby）注意到大多数的分离式元器件，如电阻器、电容器、二极管和晶体管等，既然都可以由硅半导体材料制成，所以有可能将这些分离式元器件做在同一块半导体衬底上，再将它们连接在一起组成一个完整电路，这样便可以制造出更小的电路以降低产品的成本。

1958 年，杰克·基尔比加入德州仪器公司（Texas Instruments，TI）。基尔比在实验室里将他关于集成电路的构想进行了实验验证。由于缺乏科研经费的支持，他利用一片上面带有晶体管的锗条做成三个电阻器，并加入一个电容器，之后利用细的白金线将晶体管、电容器和锗条上的三个电阻器按照电路形式连接起来，这就是世界上第一个集成电路的原型，如图 1-3 所示。在德州仪器公司，集成电路被称为“条”而非“芯片”，原因就在于杰克·基尔比的第一个集成电路的外形。

同时，在仙童半导体公司工作的罗伯特·诺伊斯（Robert Noyce）也正致力于低成本、高产量产品的开发。诺伊斯的芯片制作路线和基尔比的“手搓”路线截然不同，他采用当时最贵的硅材料，并且利用刻蚀沉积在晶圆（即晶片）表面的铝薄膜所形成的铝线连接各个不同的元器件。

图 1-4 为仙童半导体的罗伯特·诺伊斯 1960 年制造出的第一个硅集成电路芯片，这个集成电路芯片由一个 2/5 英寸（约 10mm）的硅晶圆制成。诺伊斯的芯片使用了现代集成电路芯片的基本制造技术，同时也成为所有后继集成电路的原型。

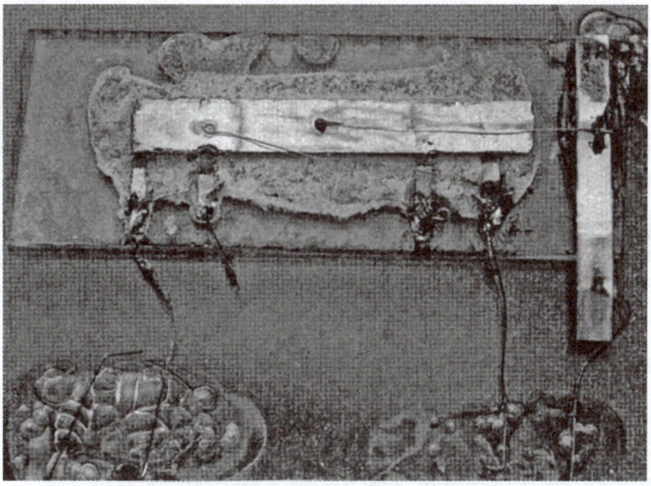

图 1-3　由杰克・基尔比制造的第一个“集成电路条”（德州仪器公司提供）

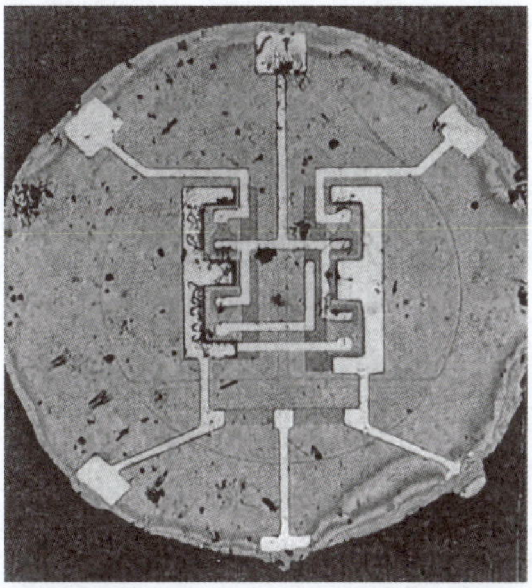

图 1-4　制作在硅晶圆上的第一个集成电路芯片（仙童半导体公司提供）

1961 年，仙童半导体公司开始量产第一批商业化集成电路，最初的集成电路仅由四个晶体管构成，但每个售价为 150 美元。虽然价格很贵，但得到美国航空航天局（NASA）的大量订单，因为火箭科学家们认为这种集成电路具有体积小、可靠性高的特点。

自此之后，其他型号的集成电路纷纷出现，相关产业呈现高可靠性、高集成度、高利润的特点。于是相关的知识产权纠纷出现了，因为德州仪器公司和仙童半导体都认为自己是集成电路专利的拥有者，都应该向对方索要巨额的专利使用费。经过多年的专利权纠纷官司之后，德州仪器公司和仙童半导体终于同意交叉授权彼此的专利技术，由杰克・基尔比和罗伯特・诺伊斯共同作为首个集成电路专利的发明人。

由于集成电路这一关键技术对社会的巨大影响，诺贝尔委员会决定把 2000 年的物理学奖颁给杰克・基尔比。有意思的是，这位诺贝尔物理学奖获得者，在中学的时候物理成绩竟然不及格。所以说，一个人的发展潜力真的不可预测，一个幼年体弱多病的人有可能成为奥林匹克运动会的冠军，一个数学不及格的人可能在长大后善于精算，成为商业奇才，等等。正如《菜根谭》里想要表达的：“乾坤未定，你我皆是黑马。”

小芯老师！集成电路太有意思了。我想进入这行工作，虽然我高中的物理成绩不好，但是我比较喜欢动手操作，我感觉我就是中国的杰克·基尔比，说不定我也能获得诺贝尔物理学奖呢。可以给我介绍一下集成电路产业的情况吗？

当然啦！集成电路产业就像一个神奇的科技工厂！在这里，有很多聪明的工程师和设计师，他们一起创造出具有各种功能的芯片，这些小小的芯片，就是电子产品的“大脑”，能让手机、电脑和玩具变得更聪明。

那这个产业具体包含什么呢？

接下来让我具体给你介绍一下吧！

1.2 集成电路产业概述

集成电路这个词听起来可能有点复杂，但其实它就是一种“在半导体衬底上实现的缩小版电子电路”。集成电路是电子设备中很重要的部分，在手机、电脑和玩具里都要用到各种集成电路。

集成电路产业包含了很多种不同的工作，所以说，同学们在计划从事集成电路产业的工作时，还需要详细了解集成电路产业里面所包含的内容。

按照产业链的角度进行划分，集成电路产业分为三个部分：第一部分为上游，是产业链的基础部分，主要负责提供原材料和设备。有时候把集成电路设计也归类为上游部分。芯片有不同的种类，比如逻辑芯片、存储芯片和模拟芯片等。设计芯片需要很多资金，也会用到很多高科技。第二部分为中游，这一部分主要指集成电路制造部分。当芯片设计完成后，要进行一个叫作“流片”的步骤，用上游提供的原材料和设备将设计的集成电路制造出来。第三部分为下游，主要负责把设计和制造好的芯片用到各种产品上，比如智能手机和家用电器，让它们可以正常工作。

一颗芯片的诞生可以分为三个重要步骤：设计、制造和封装。

首先是芯片的设计。这一步由设计工程师来完成，他们会根据客户的要求设计电路结构，通过软件模拟仿真的办法对所设计的电路进行仿真验证，保证所设计的电路能够达到客户的要求。

在芯片设计完成后，接下来就进入制造和封装的步骤了！

集成电路的生产过程其实和制造单个晶体管或二极管的方法是一样的。在集成电路里，里面的不同部分通过一种叫“隔离扩散”的技术相互隔开，就像在拼图中把每一块分开。然后，这些部分通过金属层连接在一起，这个金属层就像导线一样，帮助它们互相传递信息。这样，整个芯片里的组件就可以一起工作，完成各种任务。

在芯片制造完成后，需要给芯片穿上外衣保护起来，并且把芯片的输入输出端通过金属引脚引出，这个穿衣和引出的工作是通过封装来完成的。

*** 中国集成电路产业的发展现状 ***

近年来，随着我国经济的快速发展以及国家对集成电路产业的重视度进一步提高，我国的集成电路产业取得了很大的进步，我国的半导体产业发展状况越来越受到全球半导体产业的关注。我国也发布了许多针对集成电路产业的相关政策，包括《关于集成电路生产企业有关企业所得税政策问题的通知》《新时期促进集成电路产业和软件产业高质量发展的若干政策》《关于支持集成电路产业和软件产业发展进口税收政策的通知》《“十四五”规划和2035年远景目标纲要》等，来支持集成电路产业的发展。我国集成电路市场规模也逐年增长，产业整体实力迅速提升，产业结构不断优化，产业区域聚集度也不断提高。

我国集成电路产业的聚集度较高，其表现为主要集中在环渤海、长三角、珠三角及部分西部地区。包括上海、江苏和浙江的长江三角洲地区，是国内最主要的集成电路开发和生产基地，在我国的集成电路产业中有着重要的地位。目前国内55%的集成电路制造企业、80%的封装测试企业以及近50%的集成电路设计企业都集中在该地区。由于我国的人口基数大，故半导体产业有着极大的市场和丰富的人才储备。随着各种针对集成电路产业方面政策的落实，我国集成电路产业的发展环境也变得越来越明朗。

集成电路产业，在当前的信息技术产业和高新技术产业中，都处于核心地位。集成电路产业是高新技术产业的重要分支。同样，集成电路产业的发展，也影响着很多方面。它不仅对国家经济发展有着至关重要的影响，而且在国家战略安全方面也引起了高度的重视，集成电路产业已经成为世界各国高新技术产业竞争必须争夺的制高点。

随着集成电路的发展，集成电路产业的覆盖也逐步增多。在集成电路产品技术的迭代下，半导体产业发展为以集成电路为代表的，囊括了新型显示、智能终端、互联网产业的一体化格局，并逐步深刻影响了人们的日常生活。

小芯老师，集成电路在我们的生活中常见吗？

集成电路在我们的生活中超级常见，就像空气一样无处不在！你知道吗？我们的手机、电视、电脑，甚至玩具里面都有各种芯片。它们帮助这些设备工作，让我们能打电话、看动画片、玩游戏和上网。所以，无论你在哪里，几乎都能找到集成电路，它们让我们的生活变得更方便、更有趣！

哇，原来我们的生活中到处都是集成电路的身影呀！

对的！接下来让我为你更加细致地介绍一下集成电路的优点吧！

1.3 集成电路的优势和特点

集成电路产业在当今的生活中，迎来了飞速发展，主要是因为集成电路有许多突出的优点，具体如下。

（1）体积小

由分离元件所组成电路的体积，通常是集成电路的数千倍。集成电路在肉眼下是看不清楚的，只有借助精密的显微镜，才能区分集成电路上的各个部件，以及看清楚各个部件之间的相互连接。可见，集成电路大大缩小了占用的体积空间，因此可以应用于许多小而精密的地方。

（2）重量轻

集成电路可以将许多电路功能封装在一个小的空间里，因此在一些复杂且对重量要求较高的设备，例如在航空航天方面的一些设备中，集成电路得到了广泛的应用。

（3）低功耗

由于集成电路的体积小，因此整个电路的功耗也随之降低。相较于体积庞大的分离元件电路，集成电路的应用面更为广阔。

（4）降低成本

集成电路是在晶圆上进行构建的，而在一块晶圆上，可以构建许多相同的电路，通过这种制造方式，使得生产的成本降低，这一生产过程被称为批量生产。

（5）可靠性高

在普通的分离元件电路中，通常需要用到焊接这一方式对电路进行连接，而在集成电路中，并不会用到焊接，集成电路是由刻蚀等工艺完成的。而且在集成电路中，需要的互连数也减少，互连出现问题也是电路出现故障的一大原因，因此，在集成电路中，出现故障的概率大大降低。

由于集成电路有着低功耗的优势，因此产生的发热也就相对减少，小的温度升高也导致了高的可靠性。事实上，我们已经发现，集成电路与真空管逻辑门相比，可靠性是其 100000 倍。与晶体管相比，可靠性是其 100 倍。

电路可靠性的提高，也会延长电路的寿命，使得集成电路的使用时间得到了延长。这对于消费者而言，更加有保障，因此也更受消费者的青睐。

（6）高收益

在上述介绍中提及过，集成电路采用批量生产方式，因此其产量是非常高的。在规模效应下，单位成本降低，可大幅提升收益。

（7）提高响应时间和速度

由于在集成电路中，各种组件都在硅片中或硅片上，集成电路的体积很小，因此集成电路上的各个组件之间的距离都很短，使得信号的延迟时间缩短。除此之外，由于在集成电路上组件间的距离较短，寄生电容非常小，所以集成电路非常适合应用于小信号和高频中，可以提高系统的响应时间和操作速度。

（8）系统维修方便

系统出现故障需要维修的时候，可直接更换集成电路，降低了维修成本。

当然，集成电路也有一些缺点，例如：电路里常见的线圈或电感，采用集成电路工艺制造出来的性能还不是最佳；集成电路容易受到静电、温度等影响，在焊接的时候需要注意。

总体来说，集成电路的优点还是远远大于其缺点。

了解完集成电路的优点之后，我对集成电路更加感兴趣啦！

是的，集成电路超级有趣！有很多东西值得大家继续探索！

小芯老师，集成电路有哪些分类呢？

集成电路有好几种分类方式，接下来让我为你详细介绍一下吧！

1.4 集成电路的分类

自从集成电路发明以来，其集成水平就一直在提高，集成电路中的集成电子电路或器件数量也一直在不断增加。曾先后创办仙童半导体和英特尔公司的戈登·摩尔在20世纪60年代初观察到集成电路中晶体管的数量每隔一段时间会翻倍，而成本却不会增加，这一发现促使他提出了著名的“摩尔定律”。

摩尔定律完全是个人的经验之谈，其核心内容为：集成电路上可以容纳的晶体管数目在每经过18～24个月便会增加一倍，同时处理器的性能大约每两年翻一倍，价格下降为之前的一半。这一定律揭示了信息技术进步的速度，对计算机科学领域产生了巨大影响，并推动了计算机技术的迅速发展和普及。

很多研究人员就摩尔定律开展了相关的理论研究，并且创建了很复杂的算法进行验证。

摩尔定律的意义在于它揭示了信息技术进步的速度，对科技行业的发展产生了深远影响，不仅推动了计算机技术的迅速发展和普及，还影响了整个科技行业的创新和投资决策。

集成电路的分类方法有按元件数量或元件密度以及按照结构分类等。

1.4.1 按照元件数量或者元件密度分类

（1）SSI（small scale integration）小规模集成电路

SSI是指将少量电子元件集成在一个单一芯片上的集成电路技术。SSI技术是最早期的集成电路技术之一，其封装的电路的数量小于12（或者组件的数量小于50），称为小规模集成电路。

SSI技术的发明有着重大的意义，它标志着从传统的离散式电路向半导体集成电路的转变。它的出现为后来集成电路的发展创造了契机，使得电路集成度和性能得到了不断提高，并推动了计算机、通信等领域的快速发展。

SSI虽然是比较早期的集成电路技术，但它的出现，代表了半导体集成电路的发展趋势，使得在芯片上集成大量电子元件的理念在大家的心中变得重要起来，也是因为这个技术的出现，人们开始在这个方向上不断进行研发，促进了后来更高级别的集成电路技术的出现。

（2）MSI（medium scale integration）中型集成电路

MSI 是指将中等数量的电子元件集成在一个单一芯片上的集成电路技术。其封装的电路数量在 13 ～ 99 之间（或者组件数量在 50 ～ 5000 之间），称为中型集成电路。

相较于 SSI 技术，MSI 技术的集成度更高，而且其集成技术更为成熟。MSI 技术的发明，标志着集成电路技术的发展又推进了一个阶段。它能够实现更复杂和功能更强大的应用。MSI 的技术领域也在不断地发展，为之后集成电路技术的发展打下了基础。

（3）LSI（large scale integration）大规模集成电路

集成电路中，电路数量在 100 ～ 9999 之间（或者组件数量在 5000 ～ 100000 之间）的电路，称为大规模集成电路。

大规模集成电路技术最早于 20 世纪 60 年代发明，其发明最开始的目的是实现更高的电路密度以及更好的性能。在集成电路的发展历史中，LSI 是第一个能实现将 1 ～ 10 个电路板上的电子元件集成到一个芯片上的集成电路技术。由于这项技术的不断发展，使得计算机等电子设备的性能不断提升，从而推动了计算机、通信以及其他电子设备的发展。

（4）VLSI（very large scale integration）超大规模集成电路

集成电路中，封装的电路数量在 10000 ～ 99999 之间（或组件数量在 100000 ～ 1000000 之间）的电路，称为超大规模集成电路。

VLSI 的应用领域十分广泛，涉及计算机、通信、医疗、航空航天、能源等各个领域，其中计算机是应用 VLSI 技术最为广泛的领域之一，VLSI 技术的不断发展使得计算机的性能不断提高。

VLSI 技术的优点在于芯片的集成度高、体积小且功耗低；而且其可靠性高，出现故障的可能性小；性能优越，可以用其实现一些复杂的功能。但是，VLSI 技术也存在着一些缺点，例如其成本较高，制作过程复杂，也存在着散热和电磁干扰等问题。

但是相信，未来 VLSI 技术将会继续向着更高集成度、更小体积、更低功耗、更高性能和更可靠的方向发展，VLSI 技术也会得到更为广泛的应用。且随着生产技术的提高，VLSI 的制造成本也会随之降低。

（5）ULSI（ultra large scale integration）甚大规模集成电路

集成电路中，电路数量在 100000 ～ 999999 之间（或组件数量在 1000000 ～ 10000000 之间）的电路，称为甚大规模集成电路。ULSI 被广泛应用于电子设备之中，在很大程度上促进了计算机、通信和其他电子产品的发展。

ULSI 技术可以在一个单一芯片上集成更多的晶体管和其他元件，能够实现更复杂的处理、存储和通信功能，这是它相对于前几代集成电路技术的主要差别之处。同时，相比于前几代的集成电路，ULSI 技术仍保持了较低的功耗和更高的可靠性。可以提供更高的电路运行速度、更高的集成度和更低的能耗。在高速、高带宽和强大处理能力等方面，ULSI 技术都有着良好的优势。ULSI 技术的出现，为高级计算、通信等领域的发展提供了强力支持，且进一步促进了电子技术的进步与发展。

(6) GSI (giga scale integration) 千兆规模集成电路

集成电路中，封装的电路数量为 1000000 或更多（或者组件数量超过 10000000）的电路，称为千兆规模集成电路。

目前集成电路已进入片上系统（system on chip，SoC）或系统集成（system integration，SI）的时代，单个芯片中包含的晶体管的数量已超百亿。

1.4.2 按照结构分类

将集成电路按照结构可以大致分为以下三类。

(1) 单片集成电路

单片集成电路中“单片”的意思即为“单一固体结构”。单片集成电路可独立实现单元电路功能，不需要外接其他的元器件。在单片集成电路中，所有的电路组件，包括有源组件和无源组件，都是在一块晶圆上制造出来的。其上的晶体管、二极管或者一些其他无源组件等，都是使用外延扩散技术在适当的位置完成的。

(2) 厚膜和薄膜集成电路

厚膜和薄膜集成电路不是由字面理解上的相对厚度来区分的，而是通过沉积薄膜的方法来加以区分的。虽然厚膜和薄膜集成电路和单片集成电路在许多方面都有所不同，但是从外观、性能上看厚膜和薄膜集成电路这两种集成电路，我们可以发现两者非常相似。图 1-5 所示为厚膜电阻和薄膜电阻及使用的制造工艺示意图。

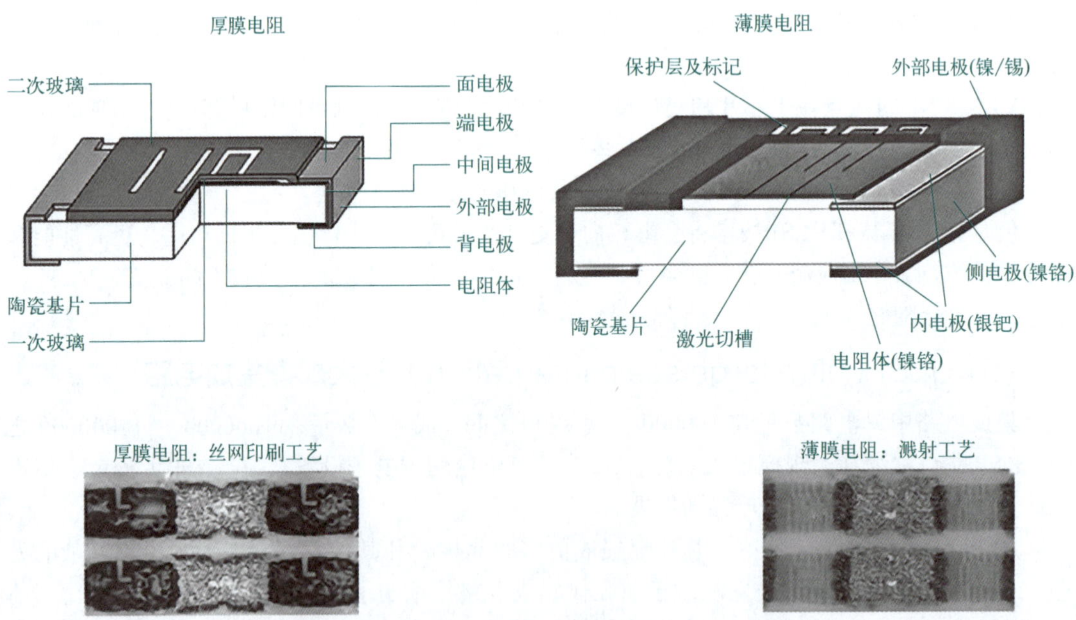

图 1-5　厚膜电阻和薄膜电阻及制造工艺示意图

这两种集成电路不是在硅晶片内形成，而是以玻璃或陶瓷等绝缘体为基底制造的。且在这两种集成电路上，只有如电阻和电容等无源器件可以通过厚膜或者薄膜技术在绝缘体的表面上形成。像晶体管和二极管等有源器件，是通过外部添加来实现电路功能的。厚膜集成电路的膜厚一般大于 10μm，一般在 10 ～ 25μm；薄膜集成电路的膜厚小于 10μm，一般小于 1μm。

（3）混合或多芯片集成电路

从其名字中我们就可以看出，这种电路要么通过互连多个单独的芯片形成，要么通过薄（厚）膜和单片集成技术的组合形成。混合或多芯片集成电路是由半导体集成工艺与薄（厚）膜工艺结合而制成的集成电路。

混合或多芯片集成电路是通过在基片上形成厚膜或薄膜元件及其互连，然后在同一基片上混合分立的半导体芯片、单片集成电路或微元件，然后进行外部封装而制成的。混合或多芯片集成电路的另一个特征是可以改变导体、半导体和电介质的三层膜的顺序、厚度、面积、形状和特性，以及它们的引线位置，从而获得具有不同性能的无源网络。

第2章

集成电路产业的职业特点

小芯老师！集成电路这个行业有趣吗？

集成电路行业超级有趣，就像一个科技的游乐园！在这里，聪明的人们设计和制造小芯片，这些芯片就像电子设备的“魔法大脑”。

那我毕业后，可以从事这个行业吗？

当然可以呀！在集成电路产业里，有很多有趣的职业！

首先是设计师，他们像画家一样，用电脑设计芯片的蓝图；然后是工程师，把设计变成实际的芯片；还有技术支持人员，就像超级英雄，负责帮助团队解决问题；测试员负责检查芯片，确保它们没有错误；最后是销售人员，把芯片推销给其他公司，让大家知道它们有多棒！每个职业都很重要，大家一起合作，确保集成电路产业能不断发展，给我们带来更好的科技产品！

让我带你更加深入地了解一下集成电路产业里所包含的职业吧！

2.1 集成电路产业的主要分工

集成电路就像是信息世界的“心脏”，非常重要，帮助我们连接和沟通。它是各种电子设备的核心，比如手机、电脑、电视和汽车，几乎所有现代科技都离不开它。

集成电路产业就像一个大家庭，里面有很多不同的角色。首先是设计芯片的人，他们负责想出怎样让芯片更聪明、更强大。接着是制造芯片的工厂，他们把设计图变成真实的芯片，就像厨师把食谱变成美味的菜肴。然后是把芯片装好并测试它们的团队，确保每个芯片都能正常工作，像是医生检查每个人的身体。

随着科技的发展，这个产业的工作分工越来越明确，各个环节都非常重要。除了设计、制造和测试，产业链上还有很多其他的支持工作，比如研发新技术、生产用到的设备和提供制作芯片所需的材料。这就像一个大团队，每个人都有自己的任务，齐心协力让我们的电子产品变得更好、更智能！通过这个产业，我们的生活变得更加方便，沟通也变得更容易。

在第 1 章也介绍过，集成电路产业链是由上游、中游、下游组成的。图 2-1 所示为集成电路产业链的分布图。

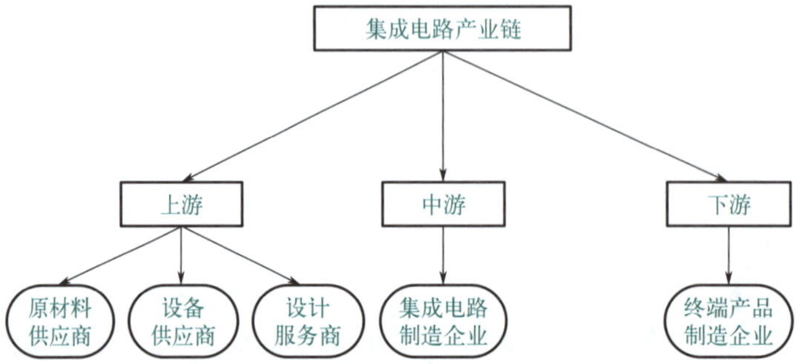

图 2-1　集成电路产业链分布图

2.2 集成电路产业链上游

在集成电路产业中，有一些重要的“帮手”，我们称其为上游产业。这些“帮手”包括原材料供应商、设备供应商、设计服务商等。

2.2.1 原材料供应商

原材料供应商主要为芯片的制造提供所需的原材料，他们负责提供制作芯片所需的东西，比如硅片和封装材料。其中，硅晶圆就像是集成电路的“基础盘”，它是制造芯片的主要原材料。硅晶圆的质量直接影响到芯片的制作，硅晶圆的纯度越高，制造出来的芯片质量就越好。所以原材料供应商在整个集成电路产业链中扮演着关键角色。如果硅晶圆的供应稳定、质量优良，芯片的制造就会顺利进行，帮助我们享受更好的科技产品！

上游原材料供应商就像是制造芯片的“超级食材工厂”，专门负责提供各种“食材”，这些“食材”将被用于生产高质量的集成电路。在集成电路产业链这个大家庭里，硅晶圆供应商和芯片制造厂商通常会成为好朋友，建立长期的合作关系。他们会根据不同的“食谱”，提供各种大小和规格的硅晶圆，确保每一款芯片都能“吃得饱”。而且，供应商还要快速响应客户的需求，就像及时送上热腾腾的外卖一样，确保供应稳定，并提供技术支持。

因为硅晶圆是制造芯片的核心材料，供应商的技术支持和创新能力也很重要。他们会和芯片制造厂商紧密合作，一起研发和改进硅晶圆的制作工艺，努力提高芯片的性能和可靠性。总之，硅晶圆原材料供应商在集成电路产业中扮演着超级重要的角色，他们的稳定供应、严格把控和不断创新，将帮助整个产业蓬勃发展，就像一支强大的“超级团队”！

小芯老师！我现在对硅晶圆原材料供应商有一定了解了，这个行业的重要性在哪里呀？

硅晶圆原材料供应商就像是集成电路产业的大工厂！他们生产的硅晶圆是制造芯片的基础，就像做蛋糕的面粉一样重要。如果没有高质量的硅晶圆，就不能制造出强大的芯片，这些芯片让我们的手机、电脑和其他电子设备变得更快、更聪明。这个行业非常重要，因为它帮助整个科技世界运转，让我们每天都能享受各种好玩的科技产品！

那确实很重要哎！小芯老师，可以给我介绍一下相关企业吗？

当然可以！接下来就让我为你仔细介绍一下吧！

全球硅晶圆原材料供应商主要有 FST、GlobalWafers、SEH、Siltronic AG、SUMCO，这五家供应商的硅晶圆产能合计占全球供应量的 90% 以上。表 2-1 所示为这五家头部供应商的技术特点。

表 2-1　硅晶圆主要五家供应商及技术特点

公司名称	技术特点
环球晶圆（GlobalWafers）	产品线多样化、全球供应链、可定制
台胜科（FST）	材料质量好、创新制造工艺、可定制
信越 Handotai 有限公司（SEH）	纯度和杂质控制好、制造工艺好、可定制
德国世创电子（Siltronic AG）	300mm 晶圆制造、可定制
日本公司 SUMCO	完善的供应链控制体系、可定制

信越化学有限公司的全资子公司信越 Handotai 有限公司（SEH）是全球最大的硅晶片供应商之一。其次是日本公司 SUMCO，该公司成立于 1999 年 7 月，是由住友金属工业株式会

社、三菱材料公司和三菱材料有机硅有限公司共同投资创办的硅联合制造有限公司是其前身，于 2005 年更名为 SUMCO。SUMCO 和 SEH 这两家顶级供应商共同控制着全球 60% 以上的硅晶片市场。

环球晶圆股份有限公司（GlobalWafers）的起源可以追溯到中美矽晶制品股份有限公司的半导体事业处，该部门在 2011 年 10 月 1 日独立分割出来。如今，环球晶圆是国内最大的 3 英寸[1]至 12 英寸半导体晶圆材料供应商，同时也为太阳能行业提供优质的晶圆和晶棒。

台胜科（FST）是台塑集团和 SUMCO 集团合资成立的企业。公司于 1995 年成立，并与日本小松电子材料公司签订了特许授权及协助合约。

世创电子（Siltronic AG）是一家在高度专业化的硅晶片设计和生产领域享有盛誉的企业，也是全球领先的超纯硅晶圆制造商之一，其制造的晶圆直径高达 300mm。

小芯老师！除了硅晶圆原材料供应商，还有什么其他类型的上游企业呢？

整个集成电路上游产业规模非常庞大，除了硅晶圆原材料供应商外，还有设备供应商。接下来也让我为你详细介绍一下吧！

2.2.2 设备供应商

在集成电路产业中，设备供应商就像是芯片制造厂的“工具大师”，非常重要！他们负责提供各种生产设备和工艺技术支持，帮助芯片制造厂商高效又稳定地生产芯片。就像一个好工匠需要好的工具，芯片制造厂商也需要这些设备来顺利工作。设备供应商确保一切都能顺利进行，让芯片制造变得更快、更简单，帮助我们享受更先进的科技产品！

作为设备供应商，他们就像是芯片制造厂商的“超级助手”，需要具备几个重要的能力。图 2-2 所示为设备供应商所需具备的能力。

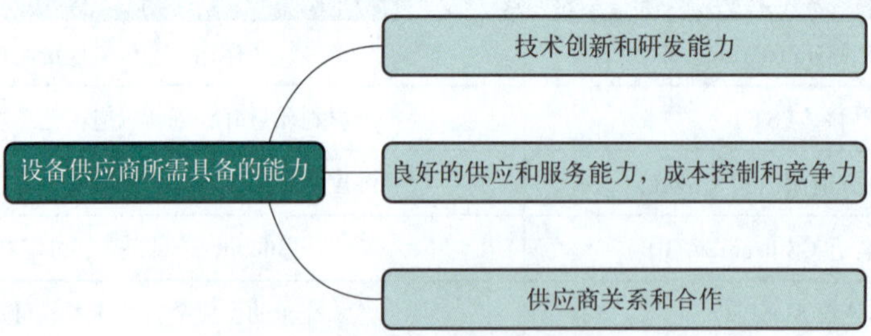

图 2-2　设备供应商所需具备的能力

[1] 1 英寸为 25.4mm。

首先，他们要有技术创新和研发的能力。这意味着他们要不断研发新技术，提供更先进的生产设备，跟上集成电路产业的发展潮流，确保设备能够满足芯片制造厂商对生产效率和产品质量的要求。

其次，设备供应商还需要具备良好的供应和服务能力。他们要有出色的供应链管理，确保能及时提供高质量的设备和配件。此外，他们还需要提供全面的咨询和服务，帮助芯片制造厂商解决设备运行中的问题，确保设备稳定可靠。

设备供应商还需要通过提高生产效率和降低成本，提供有竞争力的设备和解决方案。他们要和芯片制造厂商紧密合作，共同优化生产工艺，这样才能降低制造成本，增强竞争力。

最后，建立良好的合作关系也很重要。设备供应商和芯片制造厂商之间需要建立长期的伙伴关系，携手研发和改进生产工艺，解决技术难题。他们还需要和其他供应商合作，确保整个供应链高效协作。这样，大家一起努力，才能让芯片制造变得更加顺利！

在集成电路产业中，设备供应商作为芯片制造厂商的“超级工具箱”，提供了很多重要的帮助，确保每一颗芯片都能顺利地被制造出来。

在设备供应环节，需要大量的人才进行工作，具体要求包括：

（1）设备生产工程师

设备生产工程师需要生产各种集成电路生产所需的机器和设备，比如柔性制造设备、光刻设备、薄膜沉积设备和测试设备。

（2）技术支持工程师

在销售设备后，设备供应商还需要为客户提供技术支持。而技术支持工程师会帮助制造商优化生产工艺，提升产品质量和产量。

（3）售前咨询和售后服务工程师

在售前阶段，工程师会仔细研究芯片制造厂商的需求，提供合适的设备和解决方案。这就相当于一个好的顾问，帮助客户找到最适合他们的工具。而在安装和使用后，售后服务工程师将进行调试、培训和维护，确保设备正常运行，解决使用中出现的任何问题。

（4）技术创新和研发工程师

设备供应商非常注重技术创新和研发。他们会不断研究新技术，开发更先进的设备和工艺，以满足市场对更高性能、更高集成度芯片的需求。

总的来说，设备供应商在集成电路产业中扮演着极为重要的角色。他们提供生产设备、工艺技术支持、售前咨询和售后服务等。

在集成电路产业中，有许多重要的设备供应商，表 2-2 所示为有代表性的设备供应商。这些公司在集成电路产业中扮演着重要的角色，为芯片制造厂商提供关键的设备和技术支持，推动集成电路产业的发展和创新。

表 2-2　具有代表性的集成电路设备供应商

公司名称	技术特点
应用材料（Applied Materials）	半导体设备供应商，提供用于制造半导体芯片的设备和技术解决方案

续表

公司名称	技术特点
拉姆研究（Lam Research）	半导体设备制造商，提供用于制造半导体芯片的设备和工艺解决方案
东京毅力科创（Tokyo Electron Limited）	半导体设备制造商，提供用于制造半导体芯片的设备和工艺解决方案
卡尔文科技（KLA）	半导体设备制造商，提供用于芯片制造过程中检测、测量和控制的设备
ASML 控股（ASML Holding）	半导体设备制造商，专注于光刻机等设备的研发和生产
威力科技（Veeco Instruments）	提供用于半导体和纳米材料制造的设备和技术解决方案，包括薄膜沉积、表面处理和纳米制造等领域
迈普科技（Nova Measuring Instruments）	提供用于半导体制造的光学测量和检测设备，帮助客户提高制造效率和质量

除了硅晶圆原材料供应商和设备供应商外，集成电路产业中还包括设计服务商。

哦？那设计服务商主要是做什么的呢？

在集成电路产业中，设计服务商就像是聪明的建筑师，他们负责设计芯片的蓝图！他们用电脑画出芯片的形状和功能，确保芯片能做很多有用的事情。设计服务商还会帮忙测试这些设计，确保一切正常，然后把蓝图交给制造厂，让它们变成真实的芯片。所以，设计服务商在这个产业里非常重要，因为他们让芯片的“脑袋”变得聪明又强大！

哇！这个听起来非常有趣！

是的，这是一个有趣的行业，让我为你仔细介绍一下吧！

2.2.3 设计服务商

在集成电路产业中，设计服务商就像是芯片设计的“创意团队”，提供许多重要的服务。他们帮助客户设计芯片，提供各种知识产权（IP）、物理设计、验证和仿真等服务，确保每个芯片都能正常工作。

他们的目标是帮助客户创造出高性能、低功耗、低成本的芯片，就像设计一个既好看又实用的玩具。他们会提供技术支持和咨询，帮助客户解决设计中的问题，推动整个集成电路产业的发展。通过他们的努力，科技产品变得更强大、更智能，给我们的生活带来更多便利和乐趣！图 2-3 所示为设计服务商包含的主要内容。

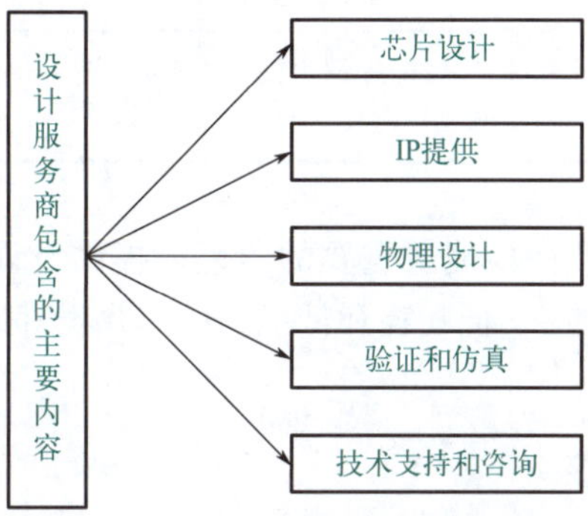

图 2-3　设计服务商包含的主要内容

设计服务商有专业的团队和技术，他们会根据客户的需求，进行芯片的架构设计、电路设计、布局设计和验证等工作，可以帮助客户把想法变成实际的芯片。

为了确保设计的正确性和可靠性，他们使用计算机辅助设计工具（CAD）和仿真软件（EDA）来创建和验证集成电路的设计方案。

IP（知识产权）提供就像是给设计师一个现成的“工具包”。设计服务商能够提供各种可重复使用的设计模块，比如处理器核心和存储器控制器。这些模块可以直接用在新的芯片设计中，让客户能够更快地构建芯片，提升设计效率。还能降低开发成本，像是使用预制的零件来组装玩具，省时又省力。

物理设计则是将电路设计变成精密加工方案的过程。设计服务商会帮助完成布局设计、布线设计和时钟树设计等工作。他们使用专业的工具和算法，确定芯片的精密加工方案。精密加工方案将以集成电路版图的形式交给芯片加工厂。芯片加工厂接到精密加工方案后，将按照既定方案进行加工，最终制作出集成电路。

验证和仿真是确保设计正确和性能良好的关键步骤。设计服务商会利用仿真软件和硬件平台，对设计进行各种验证，比如功能验证、时序验证和功耗验证，确保每个细节都能稳定可靠。

此外，设计服务商还提供技术支持和咨询服务，帮助客户解决设计中的难题。他们会根据客户的具体需求，提供关于设计方法和流程的建议，优化设计参数和布局，提升设计的质量和效率。通过这些支持，客户能够更顺利地完成芯片设计，最终生产出更出色、更智能的科技产品。

在集成电路产业中，有许多重要的设计服务商，表 2-3 所示为主要 EDA 公司。

表 2-3　主要集成电路设计服务商（EDA 公司）

公司名称	技术特点
新思公司（Synopsys）	电子设计自动化（EDA）公司，提供各种设计和验证工具，以及 IP 核心和设计服务
楷登电子（Cadence Design Systems）	电子设计自动化（EDA）公司，提供各种设计和验证工具，以及 IP 核心和设计服务
西门子（Siemens）（包含 Mentor Graphics）	提供 EDA 工具、设计服务和咨询，以及 IP 核心和系统集成解决方案
ARM	处理器 IP 提供商，为芯片设计者提供处理器核心和相关技术支持
Xilinx（现在是 AMD 公司的一部分）	可编程逻辑器件（如 FPGA）供应商，提供 FPGA 芯片和相关设计服务

这些公司在集成电路产业中扮演着重要的角色，提供设计工具、IP 核心、设计服务和技术支持，帮助客户实现高性能、低功耗和低成本的芯片设计，推动集成电路产业的发展和创新。

2.3 集成电路产业链中游

集成电路产业链的中游就像是一个神奇的“芯片工厂”，专门把设计师的创意变成现实。在这里，集成电路制造企业负责将电路设计图转化为可以生产的“蓝图”，这就是掩模图形文件（版图文件）。

晶圆制造是整个过程中的“明星环节”。在这个环节，制造商将设计图案精确地印刷到硅片上，使用的技术就像魔法一样。晶圆制造主要流程如图 2-4 所示，包括以下几个主要步骤：

① 原料准备：晶圆制造的原料是硅片，通常使用高纯度的单晶硅作为基材。原料准备包括将高纯度硅原料熔融，并通过拉拔或浇铸等方法制成硅棒。

② 切割硅棒：硅棒经过切割机器切割成薄片，即晶圆。晶圆通常具有直径为 8 英寸（200mm）或 12 英寸（300mm）的尺寸。

③ 研磨和抛光：切割得到的晶圆表面不够平整和光滑，需要经过研磨和抛光来获得平整的表面。这些步骤可以去除晶圆表面的缺陷和杂质。

④ 清洗：晶圆经过研磨和抛光后，需要进行严格的清洗，以去除表面的污染物和残留物。

⑤ 氧化：晶圆表面进行氧化处理，形成一层氧化硅（SiO_2）薄膜。这层氧化硅薄膜可以提供保护和绝缘功能。

⑥ 掩模制作：利用光刻技术，将芯片设计图案转移到晶圆表面的氧化硅薄膜上。这个过程涉及光刻胶的涂覆、曝光和显影等步骤。

⑦ 腐蚀和沉积：根据掩模图案，通过化学腐蚀和物理沉积等技术，将不需要的材料去除或添加到晶圆表面，形成芯片的电路结构。

⑧ 清洗和检验：制造完毕的晶圆经过再次清洗，以去除制程中的残留物。然后进行严格的检验和测试，以确保芯片质量和性能。

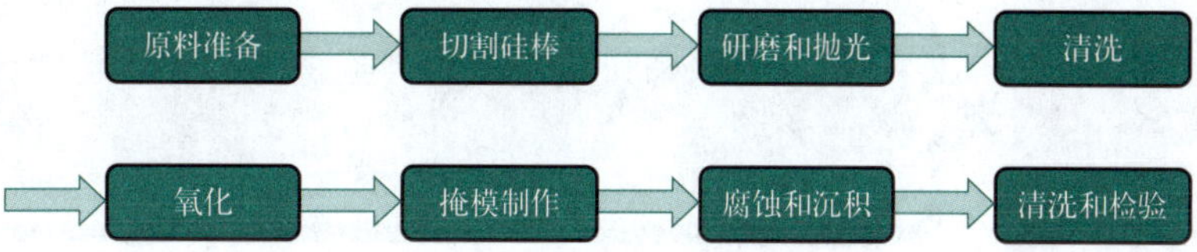

图 2-4　晶圆制造主要流程

整个过程需要高度精密的设备和工艺控制，以确保芯片的质量和性能。晶圆制造是集成电路产业中的核心技术之一，对芯片的性能、可靠性和成本都有重要影响。

晶圆制造完成后，就像做完了蛋糕底，还需要进行一系列的“调味”和“装饰”步骤，才能形成完整的芯片结构。这些步骤包括沉积、刻蚀、清洗和离子注入，就像给蛋糕加上奶油、巧克力和水果，让它变得更美味！

最后，芯片会进行封装和测试。封装就像把蛋糕装进漂亮的盒子里，让它看起来更吸引人，也方便使用。测试则是为了确保每个芯片的质量和性能都很好，就像在送出蛋糕前先尝一尝，确保味道正宗。

通过这些精心的步骤，最终我们能得到一个芯片产品，让它在各种电子设备中发挥重要作用，帮助我们享受更智能的生活！

集成电路的中游产业就像制作美味蛋糕的关键环节，首先需要强大的晶圆制造能力，这包括精确的晶圆加工、掺杂、薄膜沉积和刻蚀等步骤，确保每个晶圆都达到最佳质量。

其次，中游产业还需要掌握先进的工艺技术，比如光刻和化学腐蚀，这些技术就像烘焙中的技巧，能够实现芯片的精细制造和高性能设计。它们帮助制造商在微观层面上构建复杂的电路，让每个芯片都能高效运作。

此外，设备的制造与维护能力也是至关重要的。中游产业需要能够制造和维护各种先进的设备，比如晶圆加工设备和光刻机，这些设备必须具备高度精密和稳定的性能，以满足芯片制造的严格要求。严格的质量控制能力同样不可或缺。中游产业需要建立完善的质量管理体系，对晶圆制造过程和工艺参数进行监控，确保每个芯片的质量和性能都能达到标准。

在科技快速发展的时代，中游产业还需具备创新研发能力，开发新材料、新工艺和新设备，帮助提升芯片的性能和功能，以满足市场的需求，让制作的芯片更具竞争力。

最后，成本控制能力也非常重要。中游产业需要有效管理材料、设备和工艺的成本，这样才能提高竞争力，降低芯片的制造成本。通过这些能力的结合，中游产业能够制作出更高质量、更具竞争力的芯片产品。

以上就是集成电路中游产业需要具备的能力，这些能力帮助中游产业在制造芯片时保持高质量和高效率。然而，中游产业并不是孤立存在的，它还需要与上游和下游产业紧密合作，形成一个完整的产业链，这样才能让集成电路全面发展。

2.4 集成电路产业链下游

小芯老师，集成电路产业链下游主要是做什么的呀？

集成电路产业链的下游就像是制作成品的“工厂”，主要是终端产品制造企业。这些企业负责设计、生产和销售最终产品，比如智能手机、智能家居设备和汽车电子等。他们把集成电路应用到实际产品中，让这些产品变得更聪明、更有用。

哇！听起来很有趣！

我具体给你介绍一下吧！

终端产品制造企业负责把集成电路和其他部件组装成我们日常使用的成品。这些企业就像是最后一道工序，把所有的零件组合在一起，推向市场，供我们购买和使用。比如，智能手机制造商会把芯片放入手机中，让它支持打电话、上网和拍照；智能家居设备生产商则会把芯片放在智能音箱中，让它能听懂我们的指令。

这些企业涵盖了许多不同的领域，每个领域都有自己的特色，但共同点是都需要集成电路来赋予产品各种功能和性能。

具体来说，终端产品制造企业有几个主要特点：

① 产品设计：这些企业拥有强大的设计和研发团队，专注于创造符合市场需求的新产品。为了确保芯片和产品的完美搭配，他们会与芯片设计公司紧密合作，就像在搭配食材一

样，确保每个部分都能和谐地工作。

② 生产制造：终端产品制造企业需要掌握先进的生产技术，以便高效地生产大量产品。在这个过程中，工艺工程师和制造工程师就像是厨房里的主厨，负责监督每一步，确保产品的质量和性能都达到标准。

③ 销售与市场营销：这些企业还拥有强大的销售和市场营销团队，负责将产品推向市场，满足消费者的需求。他们像探险家一样，密切关注市场的变化和竞争对手的动态，不断调整产品策略，确保自己的产品在市场上具有竞争力。

终端产品制造企业在集成电路产业中具有重要的地位、作用和影响力。以下是具体介绍：

① 地位和作用：终端产品制造企业就像集成电路产业链的最后一环，他们把集成电路用在实际的产品里，成为整个产业链的重要部分。这些企业负责把芯片和其他零件组装成我们能用的成品，比如手机和家居设备。他们还负责设计、生产和销售这些产品，直接面对消费者，让我们能享受到这些科技带来的便利！

② 影响力：终端产品制造企业就像推动科技进步的小火车。他们的需求让集成电路技术不断创新，因为他们想要更快、更省电的芯片。这种对高性能和低功耗的追求，就像不断追求更好玩的玩具，促使设计和制造的技术不断提高，让芯片变得越来越厉害。

而且，这些企业和芯片设计公司就像好朋友，形成了紧密的合作关系。他们一起努力，推动整个产业的发展。这种合作就像团队比赛，大家分工合作，各自发挥特长，共同迎接挑战。通过资源共享和技术交流，他们不仅能解决问题，还能一起探索新的可能性，帮助整个产业升级。

③ 市场影响：终端产品制造企业就像是市场的指路明灯。他们的需求和消费者的喜好直接影响集成电路产业的发展方向。例如，智能手机市场竞争激烈，大家都想要更高性能的芯片，这推动了芯片产业的发展。芯片设计的快速进步，就像一场比赛一样，大家都在努力跑得更快、更远！

同时，终端产品制造企业的拓展就像是大车在拉动整个产业。他们的增长会直接影响集成电路产业的规模和市场份额。比如，如果这些企业在市场上销售表现很好，就能带动整个产业链的发展。

④ 消费推动：作为面向消费者的企业，终端产品制造企业的产品直接影响着我们的日常生活。比如，智能手机、智能家居和汽车电子等产品的普及，让更多人体验到高科技带来的乐趣。

集成电路产业链下游终端产品制造企业涉及多个领域和行业，所以存在众多公司。以下是一些在终端产品制造领域有影响力的主要公司。

（1）智能手机制造企业

Apple Inc.（苹果公司）：全球知名的科技公司，主要生产 iPhone 系列智能手机；Samsung Electronics Co., Ltd.（三星电子）：韩国跨国科技公司，是全球大型的智能手机制造商之一；Huawei Technologies Co., Ltd.（华为）：中国知名科技企业，是全球智能手机市场的重要参与者。

（2）电子消费品制造企业

Sony Corporation（索尼公司）：日本知名电子产品制造商，涵盖电视、音频设备、摄像机等产品；LG Electronics Inc.（LG 电子）：韩国电子产品制造商，涉及家电、移动设备等领域。

（3）汽车电子制造企业

Tesla，Inc.（特斯拉）：美国电动汽车制造商和能源解决方案提供商，专注于电动汽车和自动驾驶技术；BMW AG（宝马）：德国汽车制造商，致力于智能驾驶和连接技术。

（4）智能家居设备制造企业

Google（谷歌）：美国科技巨头，通过其子公司 Nest Labs 提供智能家居设备和解决方案；Amazon.com，Inc.（亚马逊）：美国电商巨头，通过其子公司 Amazon Alexa 提供智能家居产品和语音助手。

（5）IT 设备制造企业

Dell Technologies Inc.（戴尔科技）：美国计算机技术公司，主要生产个人电脑和企业级服务器；HP Inc.（惠普）：美国 IT 公司，提供打印机、计算机和相关硬件产品。

终端产品制造企业在集成电路产业中扮演着非常重要的角色。他们不仅推动集成电路技术的创新和发展，还对整个产业链的合作与增长起着关键作用。他们的市场表现和产品销售情况，就像一面镜子，直接影响到集成电路产业的发展方向和市场趋势。这些企业的存在，就像给集成电路技术的广泛应用加上了强劲的助推器，对现代科技的进步产生了深远的影响。

第3章

集成电路设计方向

前两个章节我们学习了集成电路产业的发展概述和职业特点，知道了集成电路产业经历了漫长而迅猛的发展历程，从早期的简单逻辑电路集成，到如今超大规模、高度复杂且性能卓越的芯片。

集成电路产业是信息技术产业的核心，是支撑经济发展和保障国家安全的战略性、基础性和先导性产业，是我国建设网络强国和数字中国的重要推动力量。在这个发展过程中，整个集成电路产业呈现出技术迭代迅速、资本投入巨大、国际竞争激烈等鲜明特点。随着信息技术的飞速发展和智能设备的普及，集成电路产业链在全球范围内呈现出持续增长的趋势。

随着全球产业规模的迅速扩大，集成电路设计、制造、封装测试、装备材料等全产业链各个环节都提供了一大批岗位，对从业者的数量需求也在扩大。我国从 2010 年开始就将其列入重点发展技术，并不断加大产业发展和人才培养投入。与之相应的，集成电路相关职业也要求从业者具备深厚的专业知识储备、敏锐的技术洞察力以及不断学习跟进前沿技术的能力。而在集成电路产业这一庞大的体系中，集成电路设计方向无疑是其核心驱动力之一。集成电路设计犹如集成电路产业的大脑，它决定了芯片的功能、性能和功耗等关键指标。

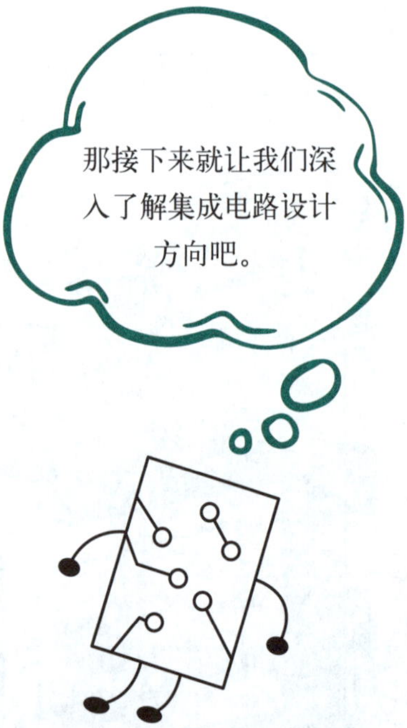

3.1 集成电路设计方向的主要技术

集成电路设计可以想象成是一个复杂的“电子乐高”建筑。为了让这个电子乐高塔楼稳固不倒，我们需要七根坚固的“乐高支柱”，如图 3-1 所示。

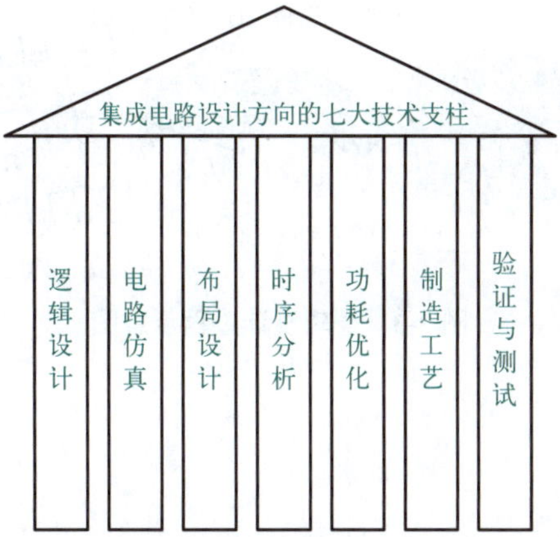

图 3-1　集成电路设计方向的七个支柱

3.1.1　逻辑设计

逻辑设计部分是使用逻辑门和电路图设计数字电路。

首先说明什么是逻辑。真假、是非、对错这些就是我们平常使用的逻辑。这些也可以说是 0 和 1 的关系。而这种 0 和 1 的关系也广泛存在于电路中，最简单的就是灯泡的亮灭，灯泡亮代表 1，灯泡灭代表 0，这就是最简单的逻辑。芯片的逻辑设计就是由这些许许多多共同存在的逻辑功能，共同构成复杂的电路。

集成电路逻辑设计就像是在用乐高积木搭建一个复杂的模型。每个逻辑门和触发器就像是乐高块，它们各自负责不同的功能，共同构成一个完整的电路。输入信号就像是搭建模型时的“原材料”，而输出信号则是最终完成的“作品”。

逻辑设计分为两大类：组合逻辑设计和时序逻辑设计。组合逻辑设计就像是根据需求搭建一个具体的乐高模型。你会使用真值表和卡诺图来“规划”这个模型，确保每个乐高块的位置和连接都是完美的，让模型能正确展示预期的功能。图 3-2 所示为卡诺图的基本设计思路。

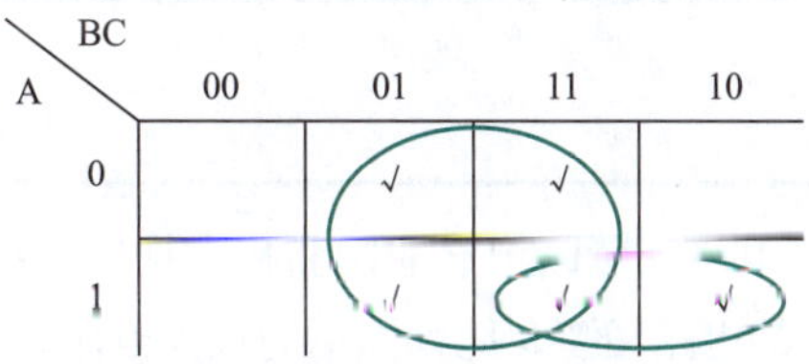

由卡诺图可知Y=C+AB

图 3-2　卡诺图基本设计思路

而时序逻辑设计就像是在你的乐高模型中加入“时钟”，让不同的部件在特定的时间点互动。这样，每个状态的变化都按照预定的顺序进行，确保模型能流畅运行。

总之，逻辑设计就是用乐高积木来创造电路，运用各种方法和技术，确保每个部分既美观又能正常工作！逻辑设计的过程如图 3-3 所示，根据电路功能描述，通过逻辑设计，将电路功能用各种逻辑门和触发器的组合来实现。

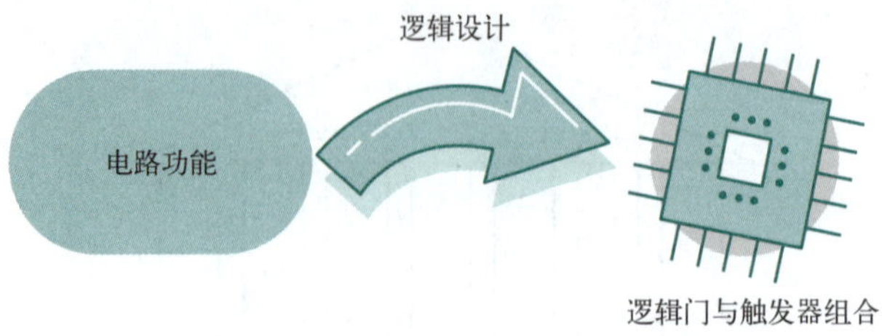

图 3-3　逻辑设计过程示意图

3.1.2　电路仿真

利用软件工具（如 SPICE）进行电路性能模拟。

小芯老师，我还没学过这些专业课，但是我想了解电路仿真的过程，你能给我解释一下吗？

当然可以！首先，我们用不同颜色的乐高块代表电路中的基本元件，比如电阻和电容。

哦哦，那接下来我们该做些什么呢？

接下来我们来创建电路，可以把这些乐高积木按照电路图拼装在一起，形成完整的电路模型，比如简单的放大电路。

那我们创建完电路之后，接下来该怎么办呢？

可以想象一下，我们有一个虚拟的乐高平台，在这个平台中，输入电路结构，软件就会模拟这个模型，运行电路。

在运行完之后，结果如何观察呢？

软件会展示电流和电压的波形，就像是在看乐高模型的变化，帮助我们理解电路的运行情况。

观察完结果后，那假如发现结果不理想呢？

如果结果不理想，那我们就进行反馈循环，回到乐高模型，调整乐高块位置或更换不同的乐高块，重新运行仿真，以改进设计。

3.1.3 布局设计

布局设计就是将电路元素布置在芯片上，以优化性能和面积。

布局设计就像是在用乐高积木搭建一座豪华别墅。首先，你得合理安排每个“房间”（逻辑门、触发器等）的位置，就像选好乐高块的摆放，确保每个部分都能顺利连接。

栅极布局就像是摆放乐高家具，确保每个模块不遮挡视线，保持整体美观和紧凑。

电源布局则是规划乐高的电力系统，确保每个房间都有足够的能量供给，避免连接不当造成“黑暗”。

时钟树设计类似于搭建乐高的电流系统，确保信号能流畅到达每个“房间”，不让“黑暗时刻”出现。

布线设计，像是把乐高管道铺设得井井有条，确保各个部分能够高效互通，减少“水流阻力”。

时序分析和时钟设计则是检查整个结构的电力运行，确保每个开关都能按时响应，避免“灯泡闪烁”。

最后，物理验证和优化就像是完成乐高别墅后检查每个连接，确保没有遗漏，通过小调整来提升整体的稳定性和美观性。

总之，布局设计就像是用乐高搭建一座既美观又高效的别墅，确保它在实际使用中表现优异，如图 3-4 所示。

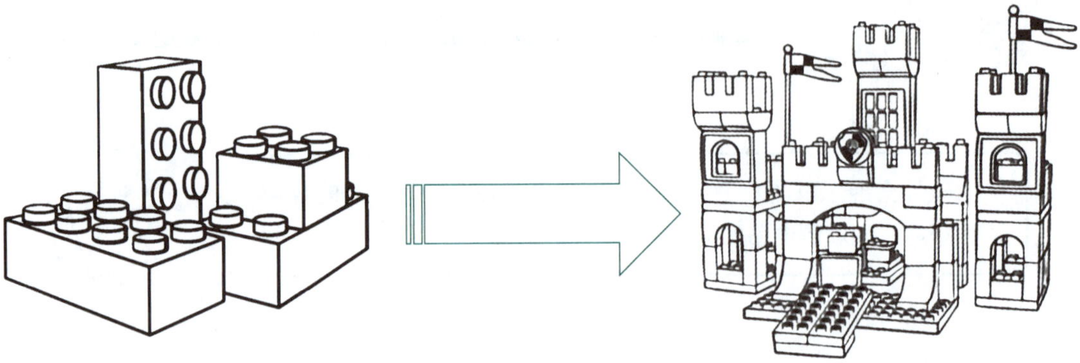

图 3-4　乐高玩具——集成电路布局示意图

3.1.4　时序分析

时序分析用来确保信号在正确时间传输，避免出现延迟问题。

时序分析就像在玩乐高时，你需要确保每个积木的组装顺序和时机都精准无误。例如，当你准备把一个新的乐高块放上去时，必须确保之前的块已经牢固固定，避免因不稳定导致整体结构倒塌。在电路中，时序分析确保每个信号在正确的时机到达，像是指挥一场精密的乐队演出，保证每个乐器（信号）在合适的时刻奏响，形成和谐的旋律。

如果某个信号太早或太晚到达，就像乐队中的某个乐器跑调，可能会导致电路出现故障或不稳定。因此，时序分析通过评估信号传播的时间和延迟，确保每个“乐器”协调一致，让整个电路顺畅运行，像一座完美搭建的乐高建筑，既美观又功能齐全。

图 3-5 所示为电信号在各种逻辑门传输示意图。可以看出，各个信号传输路径较复杂，且具有明显差异。为保证各个路径时序正确，可以采用图 3-6 所示的时序控制方法进行一致性控制。

3.1.5　功耗优化

在集成电路设计中，功耗优化是优化集成电路性能非常重要的部分。设计人员通过设计低功耗电路，延长电池寿命和减少热量，提高集成电路的可靠性。

图 3-7 所示为功耗优化的主要内容，包括电源选择、电源调节、功耗优化、电源监测等部分。

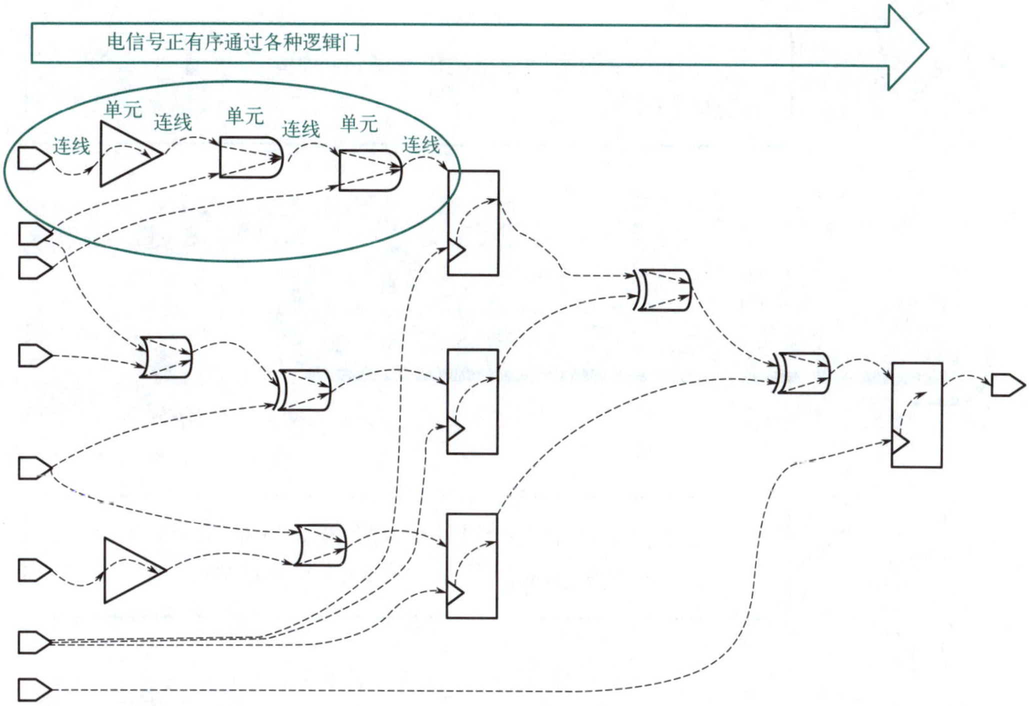

图 3-5　电信号在各种逻辑门传输示意图

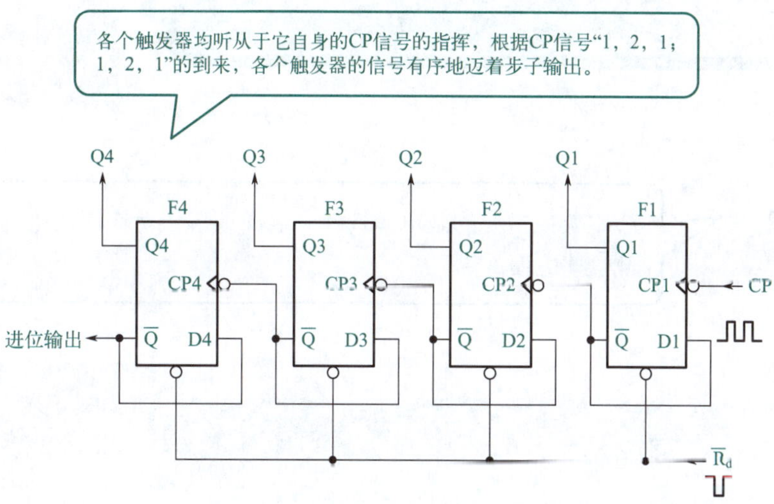

图 3-6　触发器信号时序控制示意图

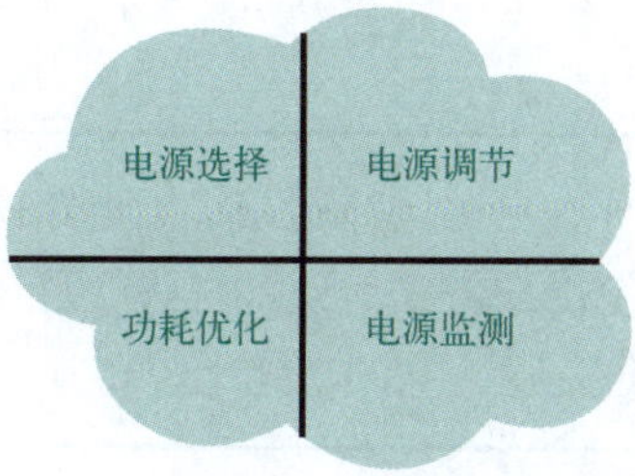

图 3-7　集成电路功耗优化主要内容

蛋仔，你知道吗，在集成电路设计里，电源管理技术可是相当重要的呢。

哦？为什么这样说呀？

电源管理的目的就是给电路提供稳定可靠的电源供应，而且还要尽可能降低功耗呢。这其中涉及不少方面的东西。

那电源管理单元都涉及哪些方面呀？

其中主要的是电源选择、电源调节、功耗优化还有电源监测这些方面。

哦哦，竟然有这么多方面啊，那你先给我讲讲电源选择呗。

好呀。电源选择就是根据电路的功耗需求和效率来选择合适的电源供应方式。比如说线性稳压器吧，它的优点是简单又稳定，但是呢，它的功耗比较高。

那还有其他的电源供应方式吗？

有啊，开关稳压器就不错。它的优势就是低功耗，不过设计起来相对复杂一些。

原来是这样啊。那电源调节是怎么做的呢？

在电源调节这块呢，我们是通过反馈电路来调整电压的，再利用限流电路控制电流，这样就能适应电路不同的工作模式了。

嗯，明白了。那功耗优化又是怎么实现的呢？

那这里面就有很多讲究啦。要合理设计电路，考虑电路的工作模式和需求，这样就能降低功耗，提高电源效率。像时钟门控技术就挺有用的，它通过控制时钟信号的开关状态来灵活调整电路，这样就能进一步降低功耗了。

哦，听起来很厉害的样子。那电源监测呢？

电源监测主要是靠电源管理单元啦。这个电源管理单元专门负责管理电源供应和功耗呢。它能根据实际需求调整电源参数，还能实时监测电源状况，这样就能及时发现异常情况了。

在实际操作中，有没有什么工具来帮助实现这些呢？

当然有啦。有集成多种功能的电源管理芯片，还有用于调节和监测的电源管理软件，另外还有优化电源性能的电源管理算法呢。

这么多方式啊，那这些工具的作用是什么呢？

它们的应用有助于实现高效、可靠的电源管理呀，这样就能提升电路的整体性能和可靠性了。

3.1.6 制造工艺

集成电路的特征尺寸日渐缩小，这使器件特性、微纳加工以及电路互联等都面临严峻考验。当前，集成电路制造工艺已经发展成为一个极其复杂、精密和高效的生产系统。理解不同的半导体制造技术（如 CMOS、Bipolar）就显得至关重要。

采用双极型（Bipolar）工艺能制造高速、高驱动能力的集成电路，如电源管理芯片、电动机驱动芯片等，但 Bipolar 集成电路的功耗和集成度无法满足系统集成要求，也不能满足无刷电机驱动、LED 驱动控制等芯片要求。

CMOS 工艺可制造低功耗、高集成度和抗干扰能力强的 CMOS 集成电路，但速度低、驱动性能差是其最大弱点，只能满足数字集成电路和小功率模拟集成电路需求。

BiCMOS 工艺将 Bipolar 器件和 CMOS 器件同时制造在同一芯片上，综合了 Bipolar 器件的高跨导、强驱动能力和 CMOS 器件的低功耗、高集成度优点，为高速、高集成度、高性能及强驱动的集成电路发展开辟了新道路。

目前，BiCMOS 主要用于无刷电机驱动、RF 电路、LED 控制驱动、IGBT 控制驱动等芯片设计。对于高度集成的片上系统（SoC）芯片设计，CMOS 工艺仍是最理想选择。按照基本工艺基础，BiCMOS 又可分为以 CMOS 工艺和以 Bipolar 工艺为基础的 BiCMOS 工艺，用于实现不同应用的集成电路。以 CMOS 工艺为基础的 BiCMOS 工艺对保证 MOS 器件性能有利，以 Bipolar 工艺为基础的 BiCMOS 工艺对保证 Bipolar 器件性能有利。

3.1.7 验证与测试

为确保设计的电路符合规格，设计人员需要通过模拟和物理测试验证功能。

集成电路设计中的封装和测试技术是确保电路性能和可靠性的重要环节。测试管理系统能够帮助制造商更好地管理测试数据、提高测试效率、降低成本和确保产品质量。封装技术涉及将芯片封装成实际可用的器件，而测试技术则用于验证和评估芯片的功能和性能。在大规模制造之前，进行产品的设计验证与测试，其目的在于检验集成电路样本的功能性，并确定其能否大规模生产。下面将介绍一些常见的集成电路设计中的封装和测试技术。

在集成电路设计中，封装是将芯片封装成实际可用的器件的过程。封装不仅提供了对芯片的物理保护，还提供了与外部环境的接口，使芯片能够与其他电路或系统进行连接。常见的封装类型包括裸片封装、芯片级封装、球栅阵列封装、双列直插封装和无线封装。其中，裸片封装适用于高密度集成电路、微型电子器件和三维封装等应用。芯片级封装具有小型化、轻量化和高密度集成的优势，适用于移动设备和微型电子器件等应用。球栅阵列封装具有较高的引脚密度、良好的散热性能和可靠的连接性，适用于高性能和高密度集成电路。双列直插封装是一种传统的封装形式，适用于一些传统的应用场景。无线封装是一种在晶圆级别上进行封装的技术，具有小型化、轻量化和高集成度的优势，适用于移动设备和无线通信等应用。

在选择封装类型时，需要综合考虑芯片尺寸和引脚数量、散热要求、引脚密度和布局、应用需求以及成本和制造可行性等因素。根据芯片的尺寸和引脚数量选择合适的封装类型，以确保芯片能够适应封装的空间和引脚布局。根据芯片的功耗和散热要求选择具有良好散热性能的封装类型，以确保芯片在工作过程中能够有效散热。根据芯片的引脚密度和布局选择合适的封装类型，以确保引脚之间的间距和连接可靠性。根据芯片的应用需求选择合适的封装类型，以满足特定应用场景的要求，如高温环境、振动环境或高频应用等。同时，还需要考虑封装的成本和制造可行性，选择适合生产规模和成本要求的封装类型。

集成电路测试就是对集成电路进行检测，通过测量集成电路的输出响应和预期输出并进行比较以确定或评估集成电路功能和性能的过程。集成电路参数测试包括直流参数测试和交流参数测试。常见的测试技术包括设计验证测试、电性能测试、时序测试、可靠性测试、封装测试和故障分析。

设计验证测试一般是在集成电路设计研发阶段，在产品量产之前验证集成电路的功能和性能是否满足设计要求 。电性能测试则用于评估芯片的电气特性，包括测量电压、电流、功耗和时钟频率等参数。时序测试则关注芯片的时序特性，包括信号的传输延迟、时钟频率和时序约束等。可靠性测试则用于评估芯片在不同环境条件下的稳定性和可靠性，模拟和测试芯片在高温、低温、潮湿和振动等条件下的工作情况。封装测试则评估封装过程中的质量和可靠性，测试封装后的芯片在温度循环、机械应力和不同湿度等条件下的性能。故障分析则是在芯片测试过程中发现和解决问题的关键步骤，用于定位和诊断芯片中的故障，并提供相应的修复和改进措施。

这些测试技术在集成电路设计中起着重要的作用，可以帮助设计人员评估芯片的性能、可靠性和稳定性，并发现和解决设计中的问题。通过有效的测试技术，可以提高芯片的质量和可靠性，确保电路的正常工作。因此，在设计过程中需要充分考虑和应用适当的测试技术，以确保芯片的性能和可靠性符合设计要求。

我国芯片测试设备的发展起步较晚，技术储备薄弱，现阶段我国的集成电路 ATE 基本被国外垄断。据中国半导体行业协会统计，美国泰瑞达（Teradyne）、日本爱德万（Advantest）和美国科利登（Xcerra）等公司占据了集成电路测试设备 80% 以上的国内市场份额。

3.2 集成电路设计方向对从业者的技术要求

我是大兵，已经有五年的工程经验了。集成电路行业分工非常精细化，想了解行业内各职业的特点，还是需要认真学习的。

是的，我太赞成大兵的说法了。请大兵讲讲相关内容吧。

那接下来我们讨论一下，作为一个集成电路设计方向的从业者，需要具备哪些技能呢？

好主意！首先，我觉得对电路设计基础知识的理解是必需的。包括数字电路和模拟电路的基本原理，你觉得呢？

没错！接下来是混合电路设计，熟悉逻辑门、时序电路和组合电路的设计和实现，这对于电路功能至关重要。

对！然后是使用EDA工具，熟练掌握电子设计自动化软件，比如Cadence、Synopsys和Mentor Graphics，能提高设计效率。

绝对的！还有编程能力，掌握硬件描述语言(HDL)，如VHDL或Verilog，能够进行电路建模和仿真。

还有，具备系统级设计思维的能力，理解不同模块如何协同工作，确保系统的整体性能。

没错，另外问题解决能力也很重要，需要能够分析和解决设计过程中的各种技术挑战。

最后，团队合作和沟通能力不可或缺，需要能够与其他工程师、设计师和项目经理有效合作，促进项目进展。

那接下来就让我们一起来深入了解一下吧。

3.2.1 电路设计知识

集成电路设计从业者需要掌握数字电路和模拟电路的基本原理，了解常用的电路元件。

作为一名集成电路设计工程师，数字电路设计是需要掌握的重要技能之一。数字电路设计涉及数字逻辑门、组合逻辑电路、存储器和处理器等的设计和实现。

在数字电路设计中，首先需要熟悉数字逻辑门的设计与实现。数字逻辑门是数字电路的基本组成单元，包括与门、或门、非门、与非门、或非门和异或门等。需要了解逻辑门的真值表和逻辑函数，并能够使用逻辑门设计和实现各种逻辑功能。其次，还需要掌握组合逻辑电路的设计。组合逻辑电路由逻辑门组成，其输出仅取决于当前输入的状态。在设计组合逻辑电路时，需要根据具体需求，使用逻辑门和逻辑函数设计和实现各种逻辑功能。图 3-8 和图 3-9 示意了两种简单的逻辑电路。

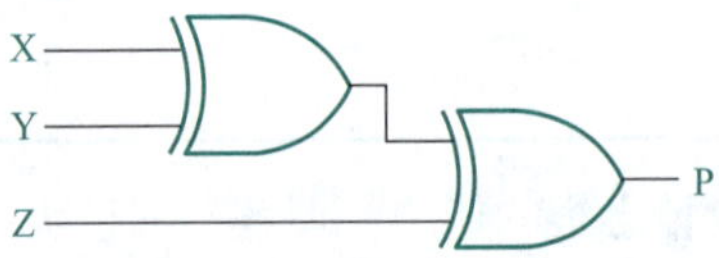

图 3-8　三信号进行简单运算

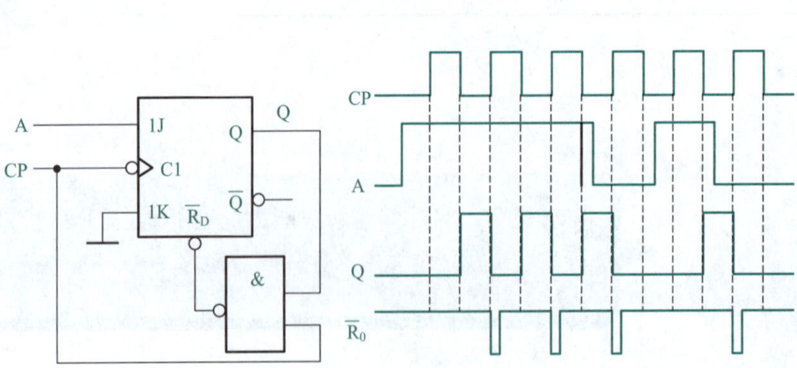

图 3-9　信号 A 进入触发器运算后，就变成了信号 Q

另外，存储器设计也是需要掌握的技能之一。存储器用于存储和读取数据，包括静态随机存储器（SRAM）和动态随机存储器（DRAM）等。半导体存储器的种类较多，按照存储数据在断电后是否丢失可以分为易失性存储器和非易失性存储器。在存储器设计中，需要考虑存储器的容量、速度和功耗等因素，以满足设计要求。同时，还需要了解存储器的读写时序和存储器接口的设计。图 3-10 为存储器结构示意图。最后，处理器设计也是需要掌握的重要技能之一。处理器用于执行指令和处理数据，包括中央处理器（CPU）和数字信号处理器（DSP）等。在处理器设计中，需要考虑指令集架构、流水线设计和性能优化等因素，以实现高效的处理器设计。同时还需要了解处理器的时序控制和数据通路设计。

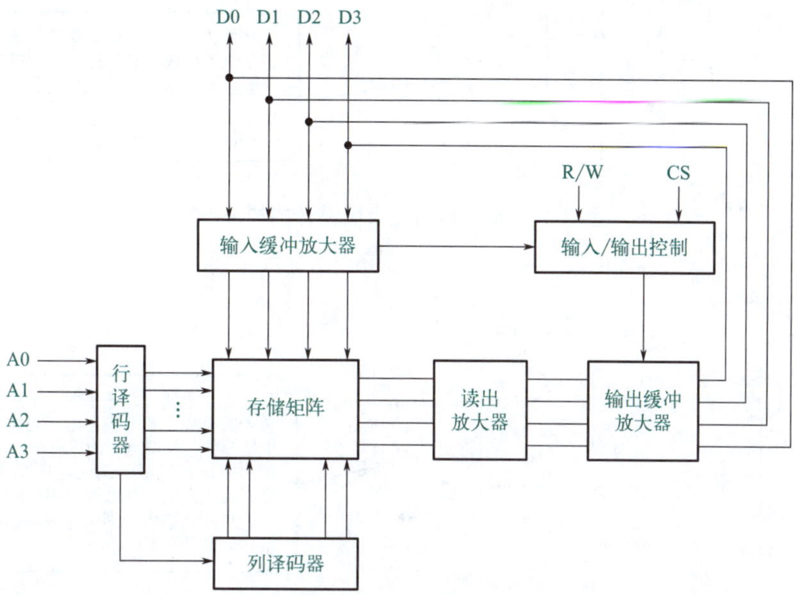

图 3-10　存储器的结构示意图

作为集成电路设计工程师，掌握模拟电路设计也是非常重要的技能之一。模拟电路设计涉及处理、放大、滤波和混频等模拟信号的电路设计和实现。在进行模拟电路设计之前，工程师需要掌握模拟电路的基础知识，包括各种电路元件的特性、电路分析方法和基本电路拓扑等。工程师需要了解电阻、电容、电感等元件的特性，以及电压、电流和功率等基本电路参数的计算和分析方法。

其中放大器设计是模拟电路设计中常见且重要的一部分。运算放大器是一种重要的电子器件，其主要作用是将输入信号放大到适当幅度以便后续电路的处理，广泛应用于信号放大、滤波、积分、微分等电路中。

在放大器设计中，工程师需要选择合适的放大器拓扑结构，如共射放大器、共基放大器、共集放大器等，并进行电路参数的计算和优化。工程师还需要考虑放大器的增益、带宽、稳定性和功耗等因素。

滤波器设计也是模拟电路设计中常见的一部分。滤波器用于滤除或增强特定频率范围内的信号。在滤波器设计中，工程师需要选择合适的滤波器类型，如低通滤波器、高通滤波器、带通滤波器、带阻滤波器等，并进行电路参数的计算和优化。工程师还需要考虑滤波器的截止频率、通带波纹、阻带衰减和相位响应等因素。

混频器设计是模拟电路设计中另一个重要的方面。混频器用于将不同频率的信号进行混合。在混频器设计中，工程师需要选择合适的混频器拓扑结构，如倍频器、降频器、平衡混频器等，并进行电路参数的计算和优化。工程师还需要考虑混频器的转换增益、输入输出阻抗匹配和抑制杂散分量等因素。

图 3-11 是基于运算放大器设计的加法器，图 3-12 是基于运算放大器设计的电压跟随器，图 3-13 是反相放大器示意图。

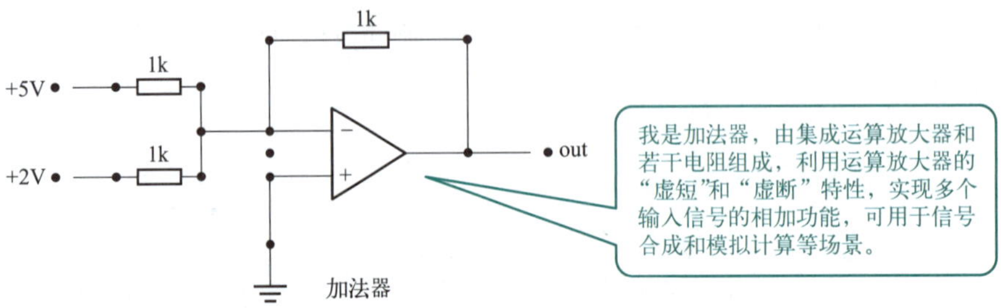

图 3-11　基于运算放大器设计的加法器

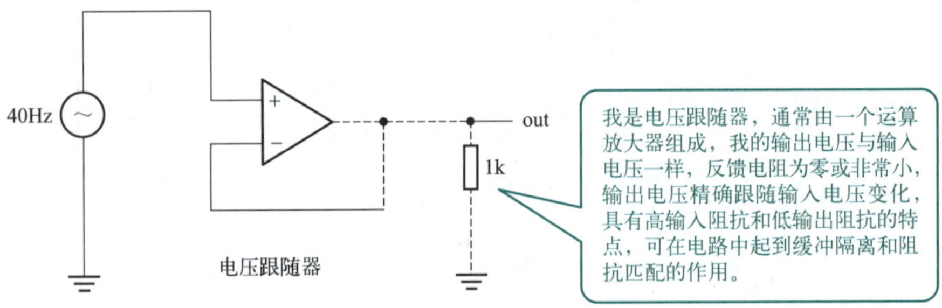

图 3-12　基于运算放大器设计的电压跟随器

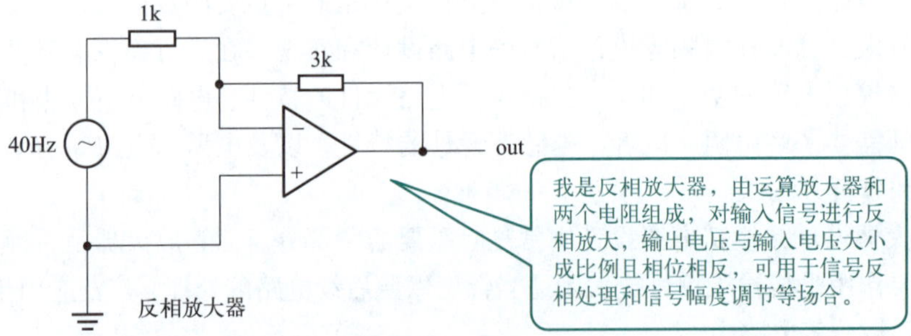

图 3-13　基于运算放大器设计的反相放大器示意图

3.2.2　混合电路设计

开展混合电路设计工作，需要熟悉逻辑门、时序电路和组合电路的设计和实现。

混合电路设计是集成电路设计工程师需要掌握的重要技能之一。它涉及模拟信号和数字信号的处理、转换和集成，具体包括模数转换器设计、数模转换器设计、时钟和数据恢复电路设计、混合滤波器设计、混合接口设计、仿真和验证以及物理设计和布局等方面。

在模数转换器设计中，工程师需要选择适当的转换器类型和拓扑结构，并进行电路参数的计算和优化。考虑到分辨率、采样率、信噪比和功耗等因素，工程师需要权衡各种指标，确保转换器性能达到要求。数模转换器的设计也是一项关键任务。工程师需要选择合适的转换器类型和结构，进行电路参数的计算和优化。分辨率、采样率、线性度和功耗等因素都需要考虑，在满足指标要求的同时尽可能提高性能。时钟和数据恢复电路的设计主要涉及锁相环（PLL）和延迟锁定环（DLL）等电路。工程师需要选择合适的电路结构和参数，并进行电路参数的计算和优化。时钟和数据的抖动、抗噪声性能和功耗等因素都需要考虑，以保证稳定的时钟和准确的数据恢复。

混合滤波器设计用于对模拟信号和数字信号进行滤波和处理。工程师需要选择合适的滤波器类型和结构，并进行电路参数的计算和优化。截止频率、通带波纹、阻带衰减和相位响应等因素都需要考虑，以满足信号处理的要求。混合接口设计用于模拟信号和数字信号之间的转换和传输。工程师需要考虑信号匹配、抗干扰性能和功耗等因素，以确保信号的正确传输和处理。

仿真和验证是混合电路设计中非常重要的环节。工程师可以使用仿真工具对设计的混合电路进行功能验证和性能分析，以验证电路的正确性和性能，并进行必要的调试和优化。物理设计和布局将混合电路设计转化为实际的物理布局和布线。工程师需要考虑电路的版图设计、布局规划和布线优化，以满足电路的性能和可靠性要求。

通过熟练掌握混合电路设计技能，集成电路设计工程师可以进行各种混合电路的设计和实现，为集成电路的开发和制造做出贡献。

说到混合电路设计的知识，那就必定要提到我们最受欢迎的“大师兄”555定时器芯片了。

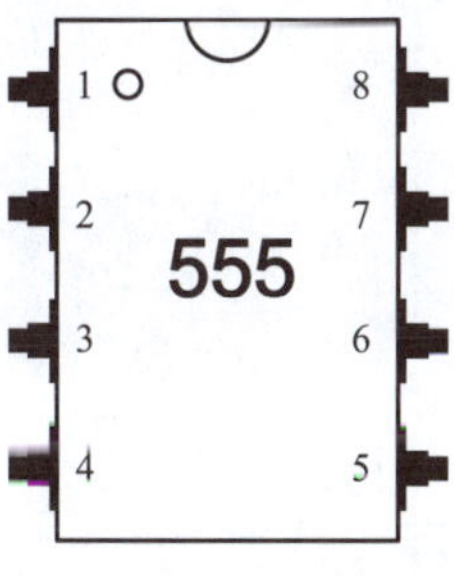

大家好，我是555定时器。我是电子电路领域中广为人知且应用极为广泛的集成电路芯片。

我于1971年由西格尼蒂克公司推出，我的内部有一个由三个5kΩ电阻组成的分压电路，这也是我名字中“555”的由来(不过这名字其实是发明者随意取的，和一种香烟牌子还重名了)。这三个电阻将电源电压进行分压，为电路中的两个比较器提供了参考电压。

我还拥有两个比较器，它们会根据输入电压与参考电压的比较结果输出高电平或低电平。

我的电路结构相对简单，成本低廉，易于使用和理解，这使得我在电子爱好者和专业工程师中都非常受欢迎。下面是我的内部电路图。

图 3-14 所示为 555 集成电路内部结构电路图，该集成电路一共有八个引脚：引脚 1 是接地端（GND），为电路提供低电平参考；引脚 2 是触发端（$\overline{\mathrm{TR}}$），当此引脚电压降至 1/3 电源电压（或由控制端决定的阈值电压）时，会触发相应的操作；引脚 3 是输出端（OUT），可输出高电平或低电平；引脚 4 是复位端（$\overline{\mathrm{R}}$），当此引脚接高电平时芯片正常工作，当此引脚接地时芯片会复位并输出低电平；引脚 5 是控制端（CO），可以控制阈值电压，当此引脚接空时默认两阈值电压为 1/3 电源电压和 2/3 电源电压；引脚 6 是阈值端（TH），当此引脚电压升至 2/3 电源电压（或由控制端决定的阈值电压）时，会使输出端的状态发生改变。引脚 8 是电源端（V+、V−），为芯片提供工作所需的高电平。

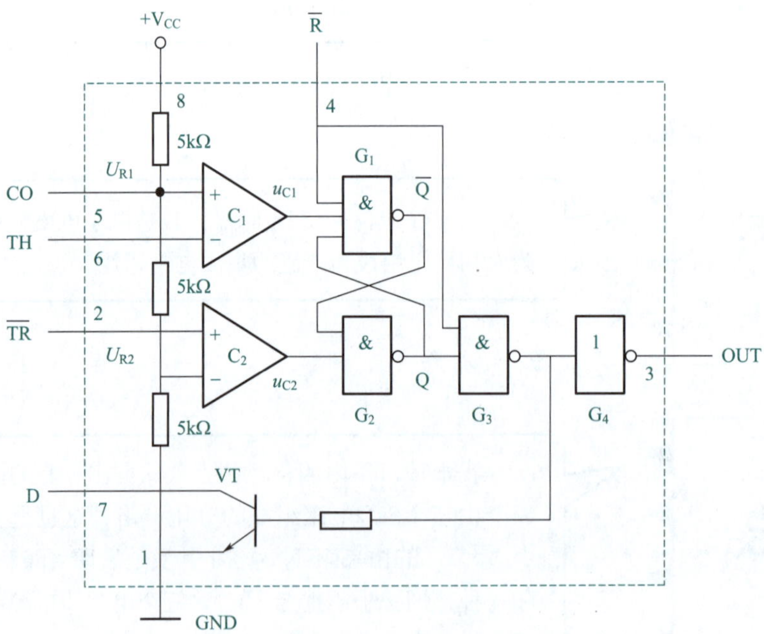

图 3-14　555 集成电路内部结构电路图

我还有三种工作模式，其中单稳态模式：在此模式下，我就像一个单次触发脉冲发生器。当触发信号到来时，我会产生一个输出脉冲，然后返回到稳定状态。这种模式常用于定时器、脉冲丢失检测、反弹跳开关、轻触开关、分频器、电容测量、脉冲宽度调制等应用中。

双稳态模式：此时的我类似于一个RS触发器，有两种稳定的状态，可以用来存储1位数据，不过这不是存储数据的首选方法。

无稳态模式：我会充当电子振荡器，输出连续的特定频率的方波。这种模式可应用于频闪灯、脉冲发生器、逻辑电路时钟、音调发生器、脉冲位置调制等电路中。如果使用热敏电阻作为定时电阻，我还可以构成温度传感器。

3.2.3 使用 EDA 工具

集成电路设计从业者需要熟练使用电子设计自动化（EDA）软件，如 Cadence、Synopsys 和 Mentor Graphics 等。

蛋仔，你知道吗，作为集成电路设计工程师，掌握各种设计工具可太重要了。

哦？为啥这么说呢？

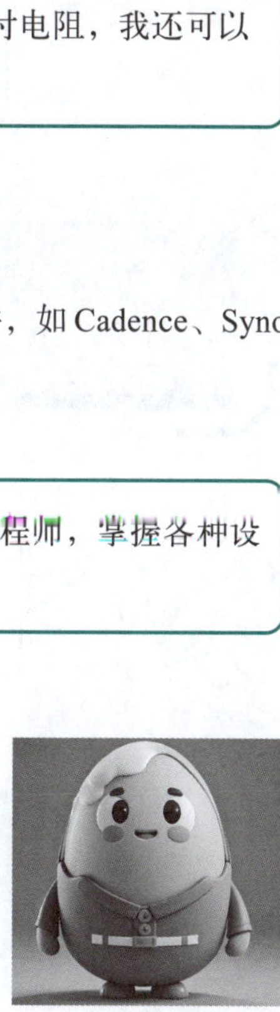

你看啊，现在集成电路那么复杂，经常有上亿个晶体管构成的超大规模集成电路(VLSI)。这么大规模的电路，单靠人脑肯定无法完成设计。基于电脑的电路设计工具EDA软件，能够辅助设计人员开展VLSI的设计工作。

现在常用的EDA工具包括 Cadence Virtuoso、Synopsys Design Compiler 和 Mentor Graphics IC Station 等，功能特别丰富呢。

哦，太好了，这些EDA工具能帮助我们进行设计。学到这里，我都觉得我的脑子不够用了，有这些辅助工具帮忙就太好了。那这些工具具体能做些啥呀？

集成电路领域是发展最快的学科之一，新技术、新概念层出不穷，你有这种感觉很正常。每天坚持学习，很快你就会变成行业的优秀人才了。

现在的EDA工具可以帮助设计人员开展电路设计相关的工作，像逻辑设计、综合还有优化等。原理图设计、逻辑门级设计还有RTL设计这些工作都得靠它们。

原来是这样。那电路设计完了，怎么知道它的功能和性能行不行？

这就需要电路仿真工具啦，像 Cadence Spectre、Synopsys HSPICE 和 Keysight ADS 等。

这些仿真工具能做什么呢？

能进行电路的功能验证、时序分析还有功耗分析之类的工作呢。通过仿真验证的方法，能够提高设计水平，确保电路正确性和性能达到设计要求。

嗯，明白了。那电路布局这些呢？

这就用到物理设计工具啦，像 Cadence Encounter、Synopsys IC Compiler 和 Mentor Graphics Calibre 等。

它们主要负责啥呀？

工程师可以用它们做电路的布局规划、布线优化还有时序约束等工作，来满足电路性能和可靠性要求。

那电路的时序要求怎么保证呢？

这就需要时序分析工具啦，像 Cadence Tempus、Synopsys PrimeTime 和 Mentor Graphics HyperLynx 等。

这么多工具啊？这些EDA工具就像百宝箱一样，碰到什么任务就要找相应的工具来搞定。这些时序分析工具能做些什么呢？

它们可以进行时序约束设置、时钟分析还有时序优化，这样就能确保电路的时序要求符合电路的整体性能指标。

明白了，在学习基础知识后，主要是这些EDA工具的掌握。还有别的方面需要特殊工具吗？

当然有啦，像针对 FPGA 和可编程逻辑器件这种特定类型的电路设计，就有专门的工具，像Xilinx Vivado和Intel Quartus Prime等。

这些工具有什么特别之处呢？

它们提供特定类型电路设计的功能和工具链，能让工程师进行 FPGA 和可编程逻辑器件的设计和开发。

集成电路的版图设计，也应该有EDA工具吧？

是的，版图设计就得靠像Cadence Virtuoso Layout Editor、Synopsys IC Compiler Ⅱ和Mentor Graphics Calibre等版图设计工具啦。

这些工具能做版图设计的哪些工作呢？

可以进行电路的版图设计、布局规划和布线优化等工作，来满足电路布局和布线要求。

小芯老师，在设计中，有这么多EDA软件能帮忙啦，还需要团队合作吗？是不是我一个人带着电脑就可以开展工作了？

超大规模集成电路已经不是一个人能够完成的工作了，一个设计团队动辄有上百人一起合作开发呢，所以还要培养团队合作精神。

EDA软件支持多用户协作和版本管理，能有效管理设计文件，提升团队沟通和合作效率。设计数据和仿真结果还能方便地和其他部门共享，促进跨学科协作，满足复杂产品设计需求。

这么看来，掌握这些工具对集成电路设计工程师确实很重要啊。

是啊，这不仅能应对复杂电子产品需求，也是在这个快速发展的技术背景下保持行业竞争优势的关键呢。

3.2.4 编程能力

集成电路设计从业者需要掌握硬件描述语言（HDL），如 VHDL 或 Verilog，进行电路建模和仿真。

你知道吗，在集成电路设计领域，掌握硬件描述语言(HDL)也很重要。

是啊，像VHDL或者Verilog这些称为硬件描述语言，我知道它们是用来描述数字电路的，但具体要怎么学呢？

首先得掌握硬件描述语言的基础知识，像语法、数据类型、运算符还有控制结构这些，这可是基础中的基础，只有把这些学好了，后面的设计工作才能顺利开展。

嗯，有道理。那在设计数字电路的时候呢？

这时候就可以用HDL进行模块化设计啦。就是把整个电路分成好多个模块，然后通过模块之间的连接和通信来实现整个电路的功能。

哦，这个模块化设计听起来不错，那具体要怎么做呢？

你得学会定义模块呀，而且模块之间的接口要设计好，这样才能保证它们之间的连接不出问题呢。

明白了。那HDL能描述哪些电路类型啊？

常见的时序和组合逻辑电路都可以用它来描述和设计。这两种电路类型在数字电路里很常见，它们各有特点，你得深入了解这些特点和设计方法，才能用HDL准确地描述和设计它们。

那设计完电路之后呢？怎么知道这个电路行不行呢？

这就需要进行仿真和验证啦。有专门的HDL仿真工具，可以用来对设计好的电路进行仿真和验证，这样就能确保电路的功能和性能满足需求了。

原来如此。那之后还有什么步骤吗？

接下来就是HDL综合和布局布线的过程了。HDL综合就是把用HDL描述的电路转化成实际的物理布局，布局布线就是把电路里的各个元件进行布局和连接。得学会使用相关的综合工具和布局布线工具才能完成这些步骤，这样最终才能得到可以用于生产的电路设计。

嗯，感觉这里面好多东西要学呢。

是啊，还有一点很重要，就是优化HDL代码。

优化代码？能有什么好处呢？

通过逻辑优化、时序优化还有功耗优化这些技术，可以提高电路的性能和效率，还能减少资源占用呢。

哇，真不错。那在实际工作中，我们和其他工程师有什么交集吗？

当然有啦，我们和物理设计工程师的接口就很关键。得和他们密切合作，了解物理设计的要求和限制，把我们的HDL设计和物理设计对接好，这样才能确保电路正确实现，而且布局布线也是可行的。

嗯，总结一下的话，就是要掌握HDL基础知识，学会模块化设计、时序和组合逻辑设计，掌握仿真验证技术，了解综合和布局布线过程，熟悉代码优化技术，还要和物理设计工程师紧密合作，对吧？

3.2.5 系统级设计思维

系统级设计思维要求设计人员具备系统集成的能力，理解不同模块如何协同工作。

系统级设计思维在现代电子设计中至关重要，它要求设计师具备全面理解系统整体性和各模块之间相互依赖关系的能力。在设计过程中，设计师需要意识到每个模块不仅是独立的功能单元，还与其他模块密切相关，影响整个系统的性能和功能。因此，设计师必须在初期就对系统进行全面的规划，以确保所有模块能够顺利集成。

采用模块化设计方法是实现系统级设计思维的有效策略。这种方法不仅简化了复杂系统的开发过程，还增强了系统的可维护性和可扩展性。通过将系统划分为多个独立模块，设计师可以专注于每个模块的优化，同时保持整体设计的灵活性。例如，在开发一个智能家居系统时，可以将灯光控制、安全监控和温控等功能设计为独立模块，这样在后期就能够轻松进行功能扩展或升级。

在这个过程中，设计师还需关注不同模块之间的交互方式，包括数据传输、信号处理和控制逻辑等。这要求设计师在选择通信协议和接口标准时进行深入考虑，以确保各个模块之间的无缝协作。例如，在嵌入式系统中，传感器模块和处理器模块之间的高效通信对于系统的实时性和响应速度至关重要。

除了关注单个模块的性能，设计师在系统级设计思维中还必须考虑整体优化。通过对各个模块进行集成测试，设计师能够识别潜在的瓶颈和问题，并优化系统性能。此外，在设计的早期阶段进行全面的性能评估，能够确保系统在不同工作条件下都能保持稳定和高效。

跨学科的协作也是系统级设计思维不可或缺的一部分。在当今的设计环境中，电子设计往往涉及机械、软件、材料等多个学科的知识，设计师需要与来自不同领域的专家进行有效沟通。这种跨学科的合作能够帮助设计师更全面地理解复杂问题，从而制定出更为有效的解决方案。例如，在开发医疗设备时，电子设计师需要与生物医学工程师密切合作，以确保设备的安全性和有效性。

总之，系统级设计思维不仅是电子设计师的基本技能，更是推动创新和提高设计效率的关键。通过理解不同模块的协同工作、采用模块化设计、优化整体系统性能以及加强跨学科合作，设计师能够更好地应对不断变化的技术挑战，创造出更高效、更智能的电子产品。这种思维方式将帮助设计师在未来的技术发展中立于不败之地。

3.2.6 问题解决能力

问题解决能力即能够分析和解决设计过程中的各种技术挑战。

作为一名集成电路工程师，故障分析和故障排除是非常重要的技能。以下是故障分析和故障排除的具体内容。

首先，需要掌握常用的故障分析方法，如故障树分析、故障模式与影响分析（FMEA）、故障模式与效应分析（FMECA）等。这些方法可以帮助工程师准确定位和分析故障，并找出其根本原因。其次是熟悉常用的测试和测量工具，如示波器、逻辑分析仪、频谱分析仪和多用途测试仪等。这些工具可以帮助工程师进行电路的测试和测量，以确定故障的位置和性质。另外，具备电路分析和仿真的能力也非常重要。通过使用 SPICE 仿真工具等进行电路分析和验证，可以找出电路中的潜在问题和故障点。随着硬件和软件技术的发展，集成电路复杂度越来越高，导致保证硬件和软件设计正确的重要步骤——调试的任务越来越艰巨。

了解故障排除的基本流程和步骤也十分关键。包括问题定义、数据收集、假设验证和问题解决等。要按照流程有序地进行故障排除，逐步缩小故障范围并找出解决方案。同时，掌握电路板修复和替换的能力也是必要的。需要了解焊接、替换元件和修复线路等常见的电路板修复技术和方法。

故障记录和报告也是很重要的一部分。要能够准确记录故障信息和排除过程，编写故障报告并提出改进建议。通过故障记录和报告，可以总结经验教训，提高故障排除的效率和质量。

良好的团队合作和沟通能力也是不可或缺的。作为一名集成电路工程师，需要与其他团队成员和相关部门紧密合作，共同解决故障并提高产品质量。

最后，持续学习和更新知识也是非常重要的。集成电路技术不断发展和更新，作为工程师，需要保持持续学习的态度，不断更新知识和技能，以适应新的故障分析和排除方法。通过掌握以上故障分析和故障排除的技能，我们将能够在集成电路设计、制造和维护方面取得更好的成果。

3.2.7 团队合作和沟通能力

团队合作和沟通能力即能够与其他工程师、设计师和项目经理有效合作。

团队合作和沟通能力在电子设计领域中至关重要，尤其是在多学科的项目中。这些能力不仅影响项目的效率，还直接关系到最终产品的质量和成功与否。

首先，设计师需要与其他工程师、设计师和项目经理密切合作。有效的沟通能够确保所有团队成员对项目目标、时间节点和具体需求有清晰的理解。这种透明的交流方式可以减少误解和错误，提高项目的整体执行效率。例如，在设计初期，设计师与项目经理的沟通可以帮助明确设计要求和用户需求，从而制定更有效的设计方案。

其次，团队合作能够促进创新。不同专业背景的成员带来多样化的视角和思路，激发出更多创意。在头脑风暴会议中，设计师与工程师的互动能够碰撞出新的想法，提升设计的独特性和功能性。通过积极的协作，团队可以共同面对技术挑战，找到更有效的解决方案。

此外，良好的团队合作精神还可以帮助成员在遇到困难时互相支持。项目中常常会出现技术瓶颈或进度延误，团队成员之间的相互理解和支持能够增强士气，推动项目朝着正确的方向前进。定期的团队会议和更新可以确保每个人都了解项目进展，及时解决可能出现的问题。

最后，有效的沟通能力对于跨部门合作同样重要。在电子设计中，设计团队通常需要与市场、生产和质量控制等其他部门进行协调。设计师需要能够清晰地传达自己的设计意图，确保其他部门理解并能顺利实施设计方案。通过建立良好的沟通渠道，团队能够更好地适应变化，提高响应速度，确保最终产品的成功。

总之，团队合作和沟通能力是电子设计师必备的素质，它不仅有助于提高工作效率，还能推动创新和优化设计质量。在复杂的项目环境中，积极的沟通和协作是确保项目顺利推进的关键因素。

3.3 集成电路设计工作需要具备的专业知识

3.3.1 电路理论

该门课程主要学习电路的基本原理和分析方法。

电路理论在集成电路设计中起着基石般的重要作用。它涵盖了众多基本原理，如欧姆定律，该定律清晰地阐述了通过导体的电流与导体两端的电压和导体电阻之间的关系，为分析和设计包含电阻元件的电路提供了根本依据。还有基尔霍夫定律，包括电流定律和电压定律：电流定律指出在任何一个节点处，流入节点的电流总和等于流出节点的电流总和，这对于复杂集成电路中多个分支电路的电流分析至关重要；电压定律表明在任何一个闭合回路中，所有元件两端的电压代数和为零，为理解电路中不同元件之间的电压分配提供了准则。

掌握电路理论可以让设计师有效地分析和设计各种电路结构。对于简单的电阻、电容、电感电路，能够运用相关公式计算电路的阻抗、容抗和感抗，从而确定电路对不同频率信号的响应特性。在复杂的集成电路模块设计中，例如电源管理模块，需要运用电路理论精确计算电压降和电流分配。通过对电路中各个元件的电阻值、电流大小以及线路长度等因素的综合考虑，确保电源能够稳定地为各个电路模块提供所需的电压和电流，保证整个集成电路的稳定性和可靠性。

3.3.2 数字电路设计

该门课程主要学习逻辑门、时序电路和状态机设计等。

数字电路设计是集成电路设计的关键领域之一。它主要涉及数字逻辑门、计数器、寄存器、存储器等数字电路元件的设计和实现。首先，熟悉二进制数系统是基础，要理解二进制数的表示方法、运算规则以及与十进制数的转换关系，为数字电路中的数据处理和存储奠定基础。逻辑运算，包括与、或、非、异或等，是数字电路的核心操作。掌握这些逻辑运算的原理和实现方式，可以构建出各种复杂的数字逻辑电路。

数字电路的时序特性也是至关重要的方面。了解时钟信号的作用、同步和异步电路的区别，以及数字信号在不同时钟周期下的变化规律，对于设计可靠的数字处理器、通信接口和控制系统至关重要。例如，在设计微处理器时，需要运用数字电路设计知识来构建指令译码器。指令译码器根据输入的指令代码，通过一系列的逻辑门组合，将其转换为相应的控制信号，指挥微处理器的各个部件执行特定的操作。算术逻辑单元则负责进行数学运算，如加法、减法、乘法和除法等，需要精确设计其逻辑电路以实现高效的运算性能。寄存器文件用于存储微处理器在运行过程中的数据和指令，其设计需要考虑存储容量、读写速度和数据的稳定性等因素。

3.3.3 模拟电路设计

该门课程主要学习晶体管级电路的设计，掌握运算放大器、滤波器和放大电路的设计。

模拟电路设计专注于处理连续变化的信号，在集成电路设计中具有独特的地位。这需要深入掌握半导体器件的特性，如二极管的单向导电性、三极管的放大作用以及场效应管的工作原理等。了解这些器件在不同工作条件下的电流 - 电压特性，对于设计高性能的模拟电路至关重要。

放大器是模拟电路中的核心元件之一。掌握放大器的增益和带宽计算方法是关键。增益决定了输入信号被放大的程度，而带宽则限制了放大器能够处理的信号频率范围。在设计放大器时，需要根据具体的应用需求，合理选择半导体器件和电路结构，以实现所需的增益和带宽。同时，还需要考虑反馈电路的稳定性分析。反馈可以改善放大器的性能，如提高增益稳定性、降低失真度等，但不当的反馈也可能导致电路不稳定甚至振荡。

模拟电路设计在传感器接口、射频电路和电源管理等领域起着至关重要的作用。例如，在设计音频放大器时，需要考虑信号的失真度、频率响应和噪声性能等因素。失真度决定了输出信号与输入信号的相似程度，低失真度的放大器能够忠实还原音频信号，提供高质量的音频输出。频率响应则反映了放大器对不同频率信号的放大能力，平坦的频率响应可以保证在整个音频频率范围内都能获得均匀的放大效果。噪声性能也是重要的考虑因素，低噪声的放大器可以减少背景噪声的干扰，提高音频信号的清晰度。

3.3.4 半导体物理

该门课程主要学习半导体材料的特性及其在电路中的应用。

半导体物理是理解集成电路工作原理的核心知识领域。它涵盖了半导体材料的性质、能带结构、载流子输运机制以及 PN 结和晶体管的工作原理等方面。

半导体材料具有独特的物理性质，如硅、锗等常见半导体材料在一定条件下可以导电，又在另一些条件下表现出绝缘特性。了解半导体材料的晶体结构、掺杂特性以及热学和光学性质等，对于选择合适的半导体材料和优化集成电路性能至关重要。

能带结构是半导体物理的重要概念之一。半导体的能带结构包括价带和导带，中间由禁带隔开。在一定条件下，价带中的电子可以获得足够的能量跃迁到导带，成为自由载流子，参与导电过程。理解能带结构可以帮助设计师分析半导体器件的导电机制和性能限制。

载流子输运机制包括电子和空穴的扩散和漂移运动。扩散是由载流子浓度梯度引起的运动，而漂移是在电场作用下的运动。掌握载流子输运机制可以帮助设计师优化半导体器件的结构和性能，提高载流子的迁移率和导电效率。

PN 结是半导体器件的基本结构之一，由 P 型半导体和 N 型半导体结合而成。了解 PN 结的形成过程、特性以及在正向偏置和反向偏置下的工作原理，对于设计二极管、晶体管等半导体器件至关重要。晶体管作为集成电路的核心元件，其工作原理是基于PN结的特性和对载流子的控制。掌握晶体管的不同类型（如双极型晶体管和场效应晶体管）的工作原理、特性参数以及应用场景，可以为集成电路设计提供有力的支持。

3.3.5 通信原理

通信系统是集成电路设计应用的重要领域之一，为了深入理解通信系统，需要学习其基础知识和相关技术。

一个通信系统通常由发送端、传输介质和接收端组成。发送端将待传输的信息转换为适合传输的信号，并通过传输介质将信号发送到接收端。在此过程中，需要考虑信号的传输特性，如传输介质的带宽、传输距离和噪声等因素。

调制和解调技术是通信系统中常用的方法。调制技术将信息信号转换为适合传输的信号形式，包括模拟调制和数字调制。解调技术则将接收到的信号转换回原始信息信号。了解不同类型的调制和解调技术，可以选择适合具体应用场景的方案。

信道编码和解码是通信系统中重要的环节，主要用于提高数据传输的可靠性。信道编码技术通过添加冗余信息，使接收端纠正传输过程中产生的误差。常见的信道编码技术包括海明码、卷积码和低密度奇偶校验码（LDPC码）。相应地，解码技术用于还原原始数据。

多址和多路复用技术是提高通信容量和效率的关键。多址技术允许多个用户在同一时间间隔内共享通信信道。常见的多址技术包括时分多址（TDMA）、频分多址（FDMA）和码分多址（CDMA）。多路复用技术则允许多个信号在同一传输介质上进行并行传输。

数字信号处理在通信系统中扮演着重要的角色。通过应用数字信号处理算法，可以实现信号的滤波、均衡、时钟恢复、检测等功能。同时，数字信号处理的优化和实现也对通信系统的性能有着重要影响。

集成电路工程师需要掌握通信系统的专业知识，提升其在集成电路设计中的能力，设计出高性能和高效率的通信系统集成电路。

3.3.6 电子设计自动化（EDA）

该门课程主要学习使用相关软件进行集成电路设计、仿真和布局等。

半个世纪以来，电子设计自动化（electronic design automation，简称EDA）工具一直在集成电路设计中扮演重要角色。目前，应用比较多的设计工具主要由四大EDA公司提供，分别是Cadence、Synopsys、Magma和Mentor。这几大公司基本上都提供集成电路正向设计从系统级到版图的全套设计工具，而且每个公司都有自己独特的优势。

EDA工具是集成电路设计不可或缺的辅助手段。这些工具涵盖了电路仿真软件、逻辑综合工具、布局布线工具等多个方面。

电路仿真软件可以模拟电路的行为，帮助设计师在设计阶段发现潜在的问题。通过输入不同的激励信号，观察电路的响应，可以分析电路的性能、稳定性和可靠性。例如，在设计模拟电路时，可以使用仿真软件分析放大器的频率响应、失真度和噪声性能等，优化电路设计。

逻辑综合工具用于将 HDL 描述的电路转换为实际的硬件电路结构。它可以根据设计要求和约束条件，如面积、速度和功耗等，自动优化电路结构，生成高效的门级电路或晶体管级电路。逻辑综合工具的使用可以大大提高设计效率，减少设计错误。

布局布线工具则负责将逻辑综合生成的电路布局在芯片上，并进行布线连接。布局布线工具需要考虑电路的性能要求、芯片的面积限制以及信号的完整性等因素，优化电路的布局和布线，确保信号的传输质量和电路的性能。

例如，使用电路仿真软件可以在设计电源管理芯片时，模拟不同负载条件下的电压和电流变化，验证电源管理电路的稳定性和可靠性。逻辑综合工具可以将设计好的数字电路模块转换为实际的硬件电路，提高设计的效率和准确性。布局布线工具可以优化芯片的布局，减少信号延迟和干扰，提高芯片的性能。

3.3.7 数字系统设计

该门课程主要在数字电路的基础上，学习系统级电路的设计方法，了解时序约束及信号传播延迟对系统级电路性能的影响。

时序分析在数字系统设计中至关重要。它涉及分析时钟信号的分布、信号的延迟和时序约束等方面，确保数字电路能够正确地运行。影响时序一致性的因素通常分为三类：一是流程间物理信息差异；二是 EDA 工具差异；三是时序收敛标准差异。

时钟信号是数字系统电路的同步信号，它决定了数字信号的变化和处理节奏。了解时钟信号的产生、分布和同步机制是进行时序分析的基础。时钟信号的分布需要考虑时钟树的结构和延迟，确保各个电路模块能够接收到准确的时钟信号。对于给定时序电路，分析关键路径和关键路径组需进行路径延时分析，即把组合逻辑电路转化为时序图并据此计算路径延时分布，若时序图中所有输出到达时间满足时序约束，则电路设计满足时序规范。

信号的延迟是时序分析的重要参数之一。数字信号在电路中传输会经历一定的延迟，包括门延迟、线延迟和寄存器延迟等。了解不同类型的延迟及其影响因素，可以帮助设计师优化电路结构，减少信号延迟，提高电路的运行速度。

时序约束是确保数字电路正确运行的关键。设计师需要根据电路的功能要求和性能指标，设定合理的时序约束，如建立时间、保持时间和时钟周期等。建立时间是指在时钟信号上升沿到来之前，数据信号必须稳定的时间；保持时间是指在时钟信号上升沿到来之后，数据信号必须保持稳定的时间。满足时序约束可以避免出现时序冲突和错误，保证数据的正确传输和处理。

例如，在设计高速数字系统时，需要进行严格的时序分析。通过分析时钟信号的分布和延迟，优化时钟树结构，减少时钟偏移。同时，根据电路的性能要求，设定严格的时序约束，确保数字信号在高速传输过程中能够满足建立时间和保持时间的要求，避免出现数据错误和亚稳态问题。

3.3.8 VLSI 设计基础

该门课程主要学习将多个模块集成到系统中。

VLSI 设计基础是将各个集成电路模块组合成一个完整的系统，是集成电路设计的高级阶段。这需要设计师具备系统级设计的能力，了解不同模块之间的接口和通信协议。这样可以提升设计的精确性和效率，并能在设计阶段对产品进行全面的性能评估和优化。

小芯老师，我好想开始设计超大规模集成电路呀。我怎么开始学习呢？

首先学好VLSI设计基础这门课，通过学习建立系统集成的概念，学习如何把各个集成电路模块组合成一个完整的系统，这可是集成电路设计的高级阶段呢。

那进行系统集成设计需要具备什么能力呀？

设计师得有系统级设计的能力，最起码要了解不同模块之间的接口和通信协议才行。

哦，这样啊。那系统集成的第一步是什么呢？

首先要进行系统架构设计呀。就是根据系统的功能要求和性能指标，确定各个集成电路模块的功能和它们相互之间的连接关系。就像设计智能手机的芯片组的时候，就得确定处理器、存储器、通信模块、传感器等各个模块的功能和接口规范，这样才能构建出一个高效的系统架构。

这样听起来，接口设计确实很重要呢。

没错，不同模块之间的接口设计可是系统集成的关键环节。

进行接口设计的时候要考虑信号的传输速率、数据格式、同步方式和电气特性等因素，这样才能保证不同模块之间能正确地进行数据传输和通信。

比如说设计处理器与存储器之间的接口时，就得考虑存储器的访问速度、数据宽度和地址映射等问题，这样处理器才能高效地访问存储器。

那怎么确保整个系统性能和功能满足要求呢？

仿真是集成电路设计的法宝，设计集成电路就是需要不断地仿真。

系统级设计需要系统级的仿真和验证啦。通过建立系统级的仿真模型，输入各种测试激励，观察系统的响应，就能验证系统的功能是不是正确、性能是不是满足要求。

比如在设计汽车电子控制系统的时候，就可以通过系统级仿真模型验证各个模块之间的通信是不是正常、系统的响应时间是不是满足安全要求等。

小芯老师，能给我举个具体的例子说明一下系统集成吗？

可以呀！以设计智能手机的芯片组来说，要把处理器、存储器、通信模块等集成在一起，让系统高效运行。处理器是核心模块，负责执行各种应用程序和操作系统指令；存储器用来存储数据和程序，它要和处理器进行高速的数据传输；通信模块包括蓝牙、Wi-Fi和移动网络等，要和处理器通信来实现无线数据传输。通过合理的系统集成设计，就能优化各个模块之间的协作，提升整个智能手机的性能和用户体验。

小芯老师讲得真好！

学习好课程后，就要进入实践环节了，只有不断地进行工程实践，才能逐步理解集成电路设计领域的关键内容，培养自己的工程实践能力。

我给你介绍几个企业界的工程师吧，他们是你的企业导师。现在“双导师制”是很科学的，我是你的学业导师，负责你的理论学习；企业导师负责培养你的实践能力。对于集成电路领域的人才培养，这种“双导师制”很关键哟！

你的企业导师是大兵，他已经毕业工作5年多了，实践能力很强。你们多交流哦！

好的，收到！

3.4 集成电路设计的过程

大兵老师，我们已经了解过集成电路的基本知识了，之后我们应该怎么做呢，你能给我讲讲后续集成电路设计的流程一般分为几个部分吗？

当然可以啦。集成电路设计一般可以分为以下几个主要部分。首先是系统规格定义。

系统规格定义是什么？这具体是要做什么呢？

这是集成电路设计的起始点哦。就像盖房子，要先知道住多少人，有什么功能需求。

在这个阶段，我们需要与客户、市场部门或者系统工程师沟通，明确芯片的功能需求。比如说，要研发一款智能手机的处理器芯片，我们要确定客户的具体要求，比如是否需要支持5G通信、高分辨率图形处理、人工智能计算等功能。同时，还要考虑非功能性需求，像电池续航时间要求多长？成本是多少？数据处理速度是多少？尺寸是多大？等等。

哦，原来是这样，那这一步很重要啊，要是一开始没搞清楚需求，后面就麻烦了。那接下来呢？

接下来是高层次设计，这里面包括算法级和行为级设计。算法级设计呢，首先要进行算法选择。

算法选择？是不是要根据前面确定的需求来选合适的算法呀？

对的，你很聪明哦。根据系统规格，我们要确定实现芯片功能所需的算法。比如在设计一个图像识别芯片时，就要选择合适的图像特征提取算法，像SIFT、HOG等，还有分类算法，比如支持向量机、卷积神经网络等。这些算法的选择会直接影响芯片的性能和效率呢。

那选好算法后还要做什么呢？

选好算法后还要对算法进行优化哦，以便适应集成电路的实现。比如说在神经网络算法中，可以通过量化权重和激活值、剪枝神经元等方法来减少计算量和存储需求。这样有助于降低芯片的功耗和面积，同时还能保持一定的性能水平。

明白了，那行为级设计又是什么呢？

行为级设计呢，首先要进行功能划分。就是将芯片的整体功能划分为多个相对独立的功能模块。比如说在一个微处理器芯片设计中，可以划分为指令取指模块、指令译码模块、执行单元模块、数据存储模块(像寄存器组、缓存等)，还有控制单元模块。每个模块都有明确的输入输出信号和功能定义。

哦，这样划分感觉更清晰了。那然后呢？

然后就是行为描述啦。要用硬件描述语言VHDL或Verilog对各个功能模块进行行为描述。比如说对于一个计数器模块，可以描述为“当复位信号为高电平时，计数器清零；当计数使能信号为高电平时，计数器在每个时钟上升沿加1”。这种描述主要关注模块的功能行为和输入输出关系，不涉及具体的电路实现细节哦。

嗯，有点明白了。那高层次设计后，需要开展什么工作呢？

之后就是寄存器传输级(RTL)设计啦。RTL设计包括数据通路设计和控制逻辑设计。

数据通路设计是做什么的呢？

数据通路设计就是构建数据在寄存器和组合逻辑之间的传输路径。比如说在设计一个乘法-累加(MAC)单元时，要确定如何将输入数据存储在寄存器中，并通过乘法器和加法器进行运算，然后将结果再存储到输出寄存器中。整个过程由时钟信号控制数据在各个单元之间的同步传输。

那控制逻辑设计呢？

控制逻辑设计就是通过有限状态机等方式设计控制逻辑，用来管理数据通路中各个组件的操作顺序和时间。

比如在一个指令执行单元中，控制逻辑要根据当前执行的指令类型，像加法指令、跳转指令等，产生一系列控制信号，这些信号用于控制数据通路中的寄存器何时进行数据读取、写入，也用于控制组合逻辑单元何时进行逻辑运算等。

感觉整个设计过程越来越具体了。那RTL设计之后呢？

接下来是逻辑综合。这一步包括工艺库选择与映射，还有约束设置与优化。

啊？又出现新概念了！集成电路学习中，各种新概念层出不穷啊！大兵老师，工艺库选择与映射是怎么回事呢？

是的，集成电路领域各种新概念层出不穷，需要不断学习。我们这些资深工程师，也要不断学习的。

在设计芯片的时候，我们要选择芯片制造工艺支持的工艺库，工艺库里包含了各种基本逻辑门，比如CMOS工艺下各种尺寸的与非门、或非门等，这些基本逻辑门的电学特性，包括延迟时间、功耗等，均包含在工艺库中。然后把RTL代码中的逻辑功能映射到工艺库中的逻辑门。如果设计要求高速性能，可能就会选择具有较低延迟的逻辑门；要是对功耗要求严格，可能就会选择低功耗的逻辑门进行映射。

哦，我明白了，工艺库是连接芯片设计工程师和芯片工艺工程师的桥梁。那么“约束设置与优化”指的又是什么呢？

为了满足电路的性能要求，我们要设置约束条件，比如时钟周期，它用来限制电路的最高工作频率，还有输入输出延迟、面积限制等。

逻辑综合工具会根据这些约束条件对电路进行优化。比如在追求高速性能时，工具可能会对关键路径上的逻辑进行优化，比如减少逻辑门级数、调整逻辑门的类型等，来满足时钟周期的约束。同时，也会考虑面积限制，尽量在满足性能要求的情况下减小芯片面积，降低成本。

哦，明白了。那电路设计满足约束条件之后呢？

下面就是物理设计，也就是集成电路版图设计啦。这一步超关键的。集成电路版图，类似于计算机编程的源代码，非常重要。

嗯，听说计算机源代码就是程序员呕心沥血编写出来的，相当于程序员的第二生命呢。

这么看来，集成电路版图对于IC工程师也是很重要的。集成电路版图设计都包括什么呢？

首先是布局规划，要确定芯片上各个功能模块，像处理器单元、缓存、I/O接口等的大致位置。布局的时候要考虑各模块之间的连接关系、信号传输路径、电源和地的分布等因素。比如在设计一个多核处理器芯片时，会把各个处理器单元以及共享缓存放在合适的位置，减少各处理器之间的通信延迟。同时，把 I/O接口模块放在芯片边缘，方便和外部设备连接。

嗯，布局是统筹规划各模块的位置。布局之后，接下来干什么呢？

在布局规划完成后，要进行标准单元的放置和布线。标准单元放置要遵循一定的规则，比如最小间距、对齐方式等。

布线就是把各个单元通过金属连线连接起来，在这个过程中，要考虑信号完整性，避免信号之间的串扰。比如在高速数字电路中，为了防止相邻信号线之间的电磁干扰，会采用差分信号布线或者增加信号线之间的间距。同时，还要考虑布线的拥塞情况，确保所有信号都能顺利连接。

嗯，了解了。那还有呢？

还有电源和地分布设计。要合理设计电源和地的分布网络，确保芯片各个部分都能获得稳定的电源供应，同时减少电源噪声。比如采用多层金属布线技术，把电源和地分别布置在不同的金属层，通过大量的电源和地引脚将芯片与封装引脚连接，并且在芯片内部设置去耦电容来降低电源噪声。

这些感觉好复杂啊！像装修房子一样，既要考虑各个房间的布置情况，还要考虑水、电、气、网的连接，最后还要考虑入住的舒适和便捷性。这些设计好了，是不是集成电路版图设计就完成了呢？

还没有哦，集成电路投片实验的成本很高的，任何设计都必须经过充分的验证和仿真。这一步也非常重要哦。

哦？验证和仿真这一步都要做些什么呢？

首先是功能验证，在各个设计阶段，像RTL级、门级、版图级都要进行功能验证，确保芯片的功能符合设计规格。

功能验证有专业的仿真工具，例如有个ModelSim软件，在仿真的时候输入各种激励信号，观察输出结果是不是符合预期。该软件适用于RTL级的验证工作。

比如蛋仔设计了一个微处理器，在验证处理器指令执行功能是否正确时，可以在ModelSim中编写测试平台，输入一系列指令序列，检查寄存器状态和输出结果是否正确。

哦，明白了。功能验证是必不可少的关键设计过程之一。那除了功能验证之外，还有其他的验证吗？

还需要进行时序验证。主要目的是验证电路的时序是否满足设计要求。时序验证内容主要包括检查信号的建立时间、保持时间是否满足时钟的要求，以及关键路径的延迟是否在允许范围内。

时序验证可以用静态时序分析工具PrimeTime，该工具可以分析电路的时序特性。例如设计一个高速数字电路，首先要确保数据在时钟沿到来之前能够稳定地存储在寄存器中，这就是建立时间要求；该数据在时钟沿到来之后能够保持一段时间不被改变，这是保持时间要求。

嗯，明白了。功能验证和时序验证是保证RTL级和电路级的设计达到要求。后面还有什么验证呢？

还有物理级验证，主要是针对版图级设计的验证。

在版图设计完成后，要进行物理级验证，包括设计规则检查、电气规则检查、天线效应检查等。这些检查是为了确保版图符合芯片制造工艺的要求，避免出现短路、开路、电气规则违反等问题。

各类版图设计工具中，都包含相应的物理级验证工具。例如，设计规则检查(DRC)验证，可检查版图中的线条宽度、间距、过孔尺寸等是否符合工艺规定的最小值和最大值。

好的，物理级验证通过后，就可以送去投片了。这个我知道，投片是在芯片制造厂完成的。那芯片制造完成后还要做什么呢?

芯片制造完成后，还要进行芯片测试与调试。要在芯片测试平台上进行功能测试、性能测试和可靠性测试。

首先给芯片搭建一个可靠的工作环境，俗称“验证板”。输入实际的激励信号给待测芯片，然后用专业的测试设备来测量芯片的工作频率、功耗等性能指标，通过长时间的运行测试来评估芯片的可靠性等。

实际测试中如果发现问题，就要通过调试手段，像边界扫描测试、芯片内建自测试等来定位和解决问题。

原来是这样，感觉集成电路设计真是一个复杂又精细的过程啊。

谢谢大兵老师，你这么详细的讲解，让我明白了很多。

不客气，只要你有兴趣，慢慢学习和积累，就会对这个领域有更深入的理解的。以后有什么问题随时问我哦。

蛋仔，你和大兵老师交流有很多收获吧！

你看啊，在集成电路设计工程领域，既需要仔细设计，又需要耐心验证。

是啊，集成电路设计方向真是不容易。集成电路工艺方向是不是容易一些呢？

当然不是啦！集成电路工艺方向一点也不容易，既需要大量的资金投入，又需要很强的技术支持。集成电路工艺方向已经成为衡量一个国家科技水平的风向标了。

平常很多人讨论的7nm、14nm工艺什么的，就是指集成电路的工艺水平。

哦？这么重要的。小芯老师，麻烦简单介绍一下集成电路工艺的学习内容吧。

好的，这个集成电路工艺啊，就是把咱们设计好的电路图在半导体衬底上实现出来。这里面的工序可复杂了，包括光刻、刻蚀、掺杂之类的。

在课程学习中，我们专门有一门课，叫集成电路工艺原理，需要认真学习哦！

听起来就很复杂呢。这些工序具体是怎么回事啊？

就拿光刻来说吧，这就像是用非常精细的工具在硅片上画画，在纳米级精度内精确地画出晶体管、连线这些电路元件。

刻蚀就是把不需要的部分去掉，掺杂就是改变硅片局部的电学性质。

据统计，一个集成电路芯片完整制程包括600多步工艺，每一步都得特别精准，条件控制得特别严格，这样才能按照咱们的设计要求把电路的物理构造做出来。

明白了，原来这集成电路工艺这么重要啊，我一定认真学习集成电路工艺原理。

芯片制作出来之后，还需要做些什么呢？

等电路在硅片上通过集成电路工艺制造出来之后，集成电路封装与测试方向就该发挥作用了。

这个封装和测试又是怎么一回事呢？

这个封装啊，就像是给制造好的集成电路穿上一件“保护外衣”。它可不只是起简单的保护作用哦，还要负责把芯片内部的引线转变成外部能够直接焊接的引脚。另外，封装还要负责给芯片散热。

哦，封装后的芯片就是我们常说的集成电路了。那测试该如何进行呢？

测试就像是给封装后的芯片做一次全面的“体检”。看看在工艺制造和封装过程中有没有出问题，要确保芯片的性能、功能指标都和咱们的设计要求一样。只有经过封装和测试，集成电路才能到市场上去，然后用到各种电子设备里发挥作用呢。

蛋仔，在后面的章节，我们继续介绍工艺、封装和测试吧。

参考文献

[1] 丁熠，刘佳甲，何鹏程．集成电路制造装备发展现状及展望［J］．电子工艺技术，2024，45（04）：1-5.

[2] 沈翊．集成电路产业的供应链系统平台分析［J］．集成电路应用，2024，41（06）：424-425.

[3] 马源，屠晓杰．全球集成电路产业：成长、迁移与重塑［J］．信息通信技术与政策，2022（05）：68-77.

[4] 张秋香，石建宾，殷亚云．集成电路产业链中的人才策略分析［J］．集成电路应用，2024，41（08）：44-45.

[5] 陈宇．集成电路功耗估计及低功耗设计综述［J］．电子制作，2014（20）：55-56.

[6] 陈建波．集成电路制造工艺中的质量管理分析［J］．集成电路应用，2024，41（04）：64-65.

[7] 贺京峰．集成电路制造工艺的质量管理分析［J］．集成电路应用，2023，40（11）：28-29.

[8] 郭福洲．集成电路测试管理系统的设计与实现［J］．集成电路应用，2024，41（01）：60-61.

[9] 吴琳．基于 ATE 的集成电路测试方案研究［J］．电大理工，2024（02）：12-16，35.

[10] 章慧彬，朱江．大规模集成电路测试程序开发技术及流程应用［J］．电子与封装，2017，17（06）：10-15.
[11] 于鲁波，杜雷．集成电路测试领域的关键技术［J］．电子制作，2019（11）：58-59，95.
[12] 罗宏伟，刘竞升，余永涛，等．超大规模集成电路测试现状及关键技术［J］．电子产品可靠性与环境试验，2021，39（S2）：16-20.
[13] 李丹．中国集成电路测试设备市场概况及预测［J］．电子产品世界，2019，26（10）：4-7，17.
[14] 吴晓清．应用于超低压系统的 SRAM 电路研究与设计［D］．成都：电子科技大学，2020.
[15] 刘嘉敏，张虎，董楠．运算放大器前级电路对环路的影响分析［J］．集成电路应用，2024，41（09）：4-5.
[16] 钱诚，沈海华，陈天石，等．超大规模集成电路可调试性设计综述［J］．计算机研究与发展，2012，49（01）：21-34.
[17] 刘舒宁，菅端端，李玉亮，等．集成电路领域的 EDA 发展现状及标准化［J］．中国标准化，2024（20）：49-53.
[18] 谭延军．集成电路正向设计综述［J］．微处理机，2006（06）：9-11.
[19] 向一鸣，胡兵，周海斌，等．一种集成电路物理设计时序一致性的优化方法分析［J］．集成电路应用，2023，40（06）：44-45.
[20] 余显宗．基于统计静态时序分析的关键路径提取建模［D］．南京：东南大学，2021.
[21] 董丽平，于文博．基于 EDA 的智能照明系统集成电路（IC）设计研究［J］．中国照明电器，2024（09）：82-84.

习　题

一、简答题

1. 集成电路的主要组成部分有哪些？

2. 列举 5 种逻辑函数的表达方式。

3. 什么是逻辑门？常见的逻辑门有哪些？

4. 下面的卡诺图表示的逻辑关系式是什么？

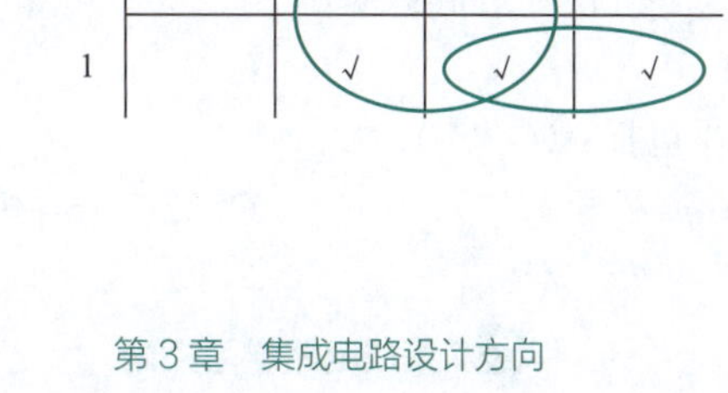

5. 请画出 Y=BD+B′D′+CD 的卡诺图，并换一种表达方式。

6. 已知 JK 触发器的输入 J=A，K=0，当输入信号 A 的波形如下图所示时，请画出输出 Q 的波形。

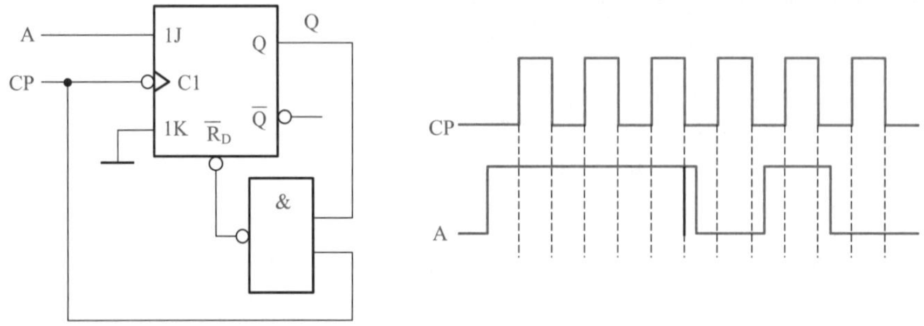

7. 请简述下图电路的功能。

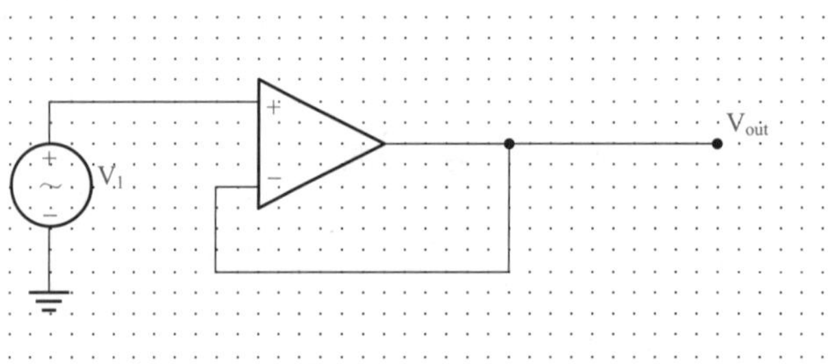

8. 请简述 555 芯片名字的由来，并简述其三种工作模式。

9. 555 定时器可以构成的三种电路是什么。

二、选择题

1. 八进制数 36.5 对应的二进制数为（　　）。

A. 011110.101　　B. 011011.101　　C. 100011.101

2. 101 个数至少需要（　　）位二进制数表示。

A. 2　　B. 3　　C. 7

3. 半导体的导电机制主要包括：（　　）。

A. 电子导电　　B. 离子导电　　C. 载流子导电　　D. 热导电

4. 下列材料中，哪一种通常被用作 P 型半导体的掺杂剂？（　　）

A. 磷（P）　　B. 锗（Ge）　　C. 硼（B）　　D. 砷（As）

5. 在 N 型半导体中，主要载流子是：(　　)。

A. 空穴　　B. 自由电子　　C. 离子　　D. 硅原子

6. 在平衡状态下，N 型半导体中的电子浓度与空穴浓度的关系是：(　　)。

A. 相等　　B. 空穴浓度大于电子浓度

C. 空穴浓度小于电子浓度　　D. 无法确定

7. 集成电路设计中，以下哪种软件主要用于版图设计？（　　）

A. Matlab　　B. Cadence Virtuoso　　C. Quartus　　D. ModelSim

8. 以下哪个不是集成电路设计的主要流程阶段？（　　）

A. 系统规格定义　　B. 机械加工　　C. 逻辑设计　　D. 物理设计

9. 集成电路设计中，版图设计的最小单位通常是(　　)。

A. 纳米　　B. 微米　　C. 毫米　　D. 厘米

10. 以下哪种工具主要用于集成电路设计中的电路性能仿真？（　　）

A. Photoshop　　B. SPICE　　C. Excel　　D. Word

11. 在集成电路设计流程中，(　　) 一般是在完成逻辑设计后进行。

A. 系统定义　　B. 电路仿真验证　　C. 需求分析　　D. 原材料采购

12. 集成电路设计中，用于描述硬件功能的硬件描述语言（HDL）不包括(　　)。

A. Verilog　　B. VHDL　　C. C++　　D. SystemVerilog

13. 当温度升高时，半导体的导电性通常：(　　)。

A. 增加　　B. 减少　　C. 不变　　D. 先增加后减少

三、判断题

1. 在纯硅中，电子和空穴的浓度是相等的。(　　)

2. 随着集成电路制造工艺的进步，芯片的特征尺寸越来越小，集成度越来越高。(　　)

3. PN 结是由 P 型半导体和 N 型半导体结合而成的基本结构。(　　)

4. PN 结外加正向电压时，其耗尽层变宽。(　　)

5. 掺入三价元素（如硼）会使 N 型半导体变为 P 型半导体。(　　)

第 4 章

集成电路工艺方向

4.1 集成电路工艺方向的主要技术

集成电路工艺方向涵盖了从电路设计到制造的整个过程。集成电路工艺的目的是将电子元件（如晶体管、电阻、电容等）集成到一个小型的半导体芯片上，以实现功能的集成化和性能的提升。

蛋仔蛋仔，想不想学习“微缩魔法”？

小芯老师，我不相信魔法，我相信科学！

不是魔法啦！手机、电脑，甚至是家里的智能电器，它们里面都藏着成千上万甚至上亿个微小的“城市”，每个“城市”都井然有序地工作着，让设备能运行得如此迅速和智能。

哇，这么神奇！那这些“城市”是怎么建起来的呢？

这就是我要说的集成电路工艺了。简单来说，就是把无数个晶体管、电阻、电容等电子元件，通过非常精密的技术，像搭积木一样层层堆叠、连接起来，构建成一个超小的电路板。这些元件小到肉眼几乎看不见，但它们的组合却能完成复杂的计算和信息处理任务。

简直就是微观世界的工程师们在建造奇迹！

确实是奇迹，是人类进步的一大阶梯，而且工艺中也包含了许多代表高新科技的设备和技术，是人类智慧的体现。

我也相信人类智慧的潜力是无限的，多希望我也能参与到这伟大的工程之中，可是我怕自己建的“房子”倒塌。

科研建设也是一个无数次试错的过程，只要勤奋学习集成电路的相关知识，熟练掌握一项技能，将来肯定能在该领域发光发热，有自己的一份贡献。

那我还真想当一次“建筑师”，快快告诉我怎么“打地基，垒墙头”吧！

好好，听我细细道来。

集成电路工艺方向的目的在于通过设计、制造和测试集成电路芯片，以满足各种电子产品对性能、可靠性、成本和尺寸的要求。下面我们就来详细地介绍一下集成电路工艺方向所涉及的这些技术。

4.1.1 光刻技术

首先，我来介绍一下集成电路工艺的主要技术吧！主要包括光刻技术、薄膜沉积技术、刻蚀技术等。

其中光刻技术是集成电路制造中的核心工艺，用于将电路图案转印到硅晶片上。它是半导体芯片生产过程中的一个核心步骤，涉及光学、化学和材料科学。

光刻技术的关键挑战在于图案的精度和分辨率，随着集成电路制造技术的进步，光刻技术也不断向更小的制程节点（如 7nm、5nm、3nm）发展。光刻技术中，为了保证图案转移的精度，光刻掩模需要具有高分辨率和低缺陷率。

光刻步骤如图 4-1 所示。

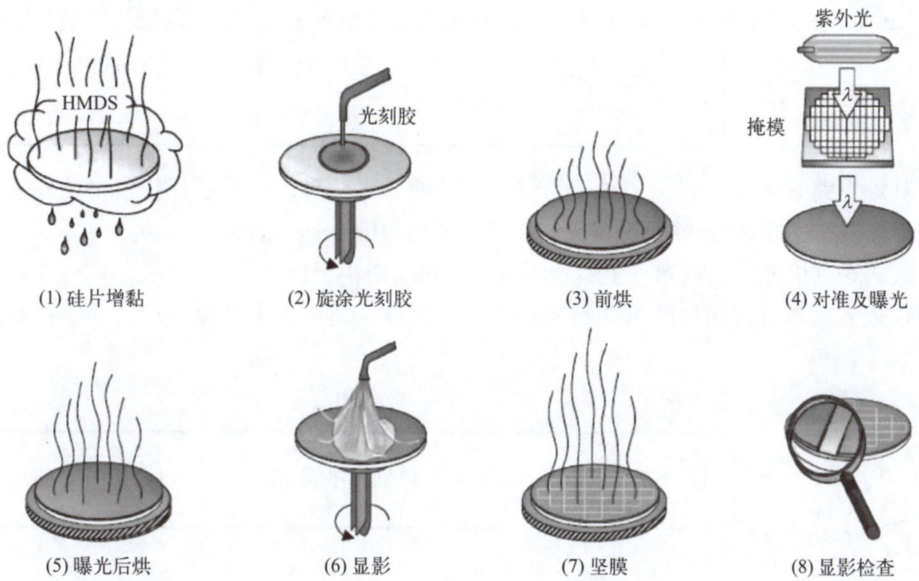

图 4-1 光刻步骤简述

图 4-1 所示为光刻主要步骤，主要包括：①光刻胶涂覆，在硅片表面涂覆一层光刻胶（光敏材料），这种材料对光敏感，通过曝光可以在其表面形成图案，包括图 4-1 中第 1 ～ 3 步。②对准及曝光，通过光刻掩模（mask）将紫外光照射到涂布了光刻胶的硅片上。光刻掩模上带有设计图案，曝光过程将这些图案转移到光刻胶上，包括图 4-1 中第 4 ～ 5 步。③显影，将硅片放入显影液中，显影液会去除未被曝光过的光刻胶。显影后的硅片上留下了光刻胶图案，包括图 4-1 中第 6 ～ 8 步。

光刻的主要目的就是进行图形转移，把版图设计的图形转移到硅片衬底上来。在显影后，利用光刻胶作为掩模，可以开展后续加工手段，例如刻蚀、氧化、掺杂等。在后续加工完成后，去除剩余的光刻胶，得到最终的电路图案。

曝光时需要使用光源进行照射。

光源包括以下几种类型：

紫外光（UV）光刻：早期使用的光源是高压汞灯，发出波长约为 365nm 的紫外光。此技术适用于较大节点的制造。

深紫外光（DUV）光刻：使用波长为 248nm 的激光（氟化氪）或 193nm 的激光（氟化氩），可以实现更小的图形转印，适用于更小的半导体节点。

极紫外光（EUV）光刻：使用波长约为 13.5nm 的光源，能够制造更小的芯片特征尺寸，是目前最先进的光刻技术。

曝光之后，需要进行硅片显影，将多余的光刻胶去掉。

光刻胶分两种：正性光刻胶和负性光刻胶。

正性光刻胶在曝光后变得溶解性更强，显影时去除曝光区域；而负性光刻胶在曝光后变得更不溶解，显影时保留曝光区域。

在刻蚀电路时需要用到一个精密的仪器，那便是光刻机，也是芯片技术中比较关键的发明。光刻机包括步进式光刻机（stepper）、扫描式光刻机（scanner）。

步进式光刻机一次只曝光一个芯片区域，适用于中小规模生产。

扫描式光刻机通过扫描的方式曝光整个芯片区域，适用于大规模生产，能够提高光刻分辨率和生产效率。

说到这里很想和你聊一下光刻机的故事。

我听过它的传说，半导体皇冠上的明珠。

哟，懂得不少嘛，确实如此，光刻机是一种通过光学技术将图案转移到半导体材料表面的设备。和你讲一下光刻机的历史和发展吧。

洗耳恭听！

小芯老师版光刻机发展简史：

① 1947年，英国科学家汤姆逊发现了电子的波动性，为光刻机的诞生奠定了基础。

② 1959年，荷兰飞利浦公司成功研发了第一台商用光刻机，开启了光刻机在半导体产业的应用。

③ 20世纪80年代，美国和日本分别研发出了浸没式光刻机和干式光刻机，大幅提高了光刻机的分辨率。

④ 21世纪，荷兰ASML公司研发出了极紫外光(EUV)光刻机，将光刻机的精度提升到了1nm，使得3nm制程成为可能。

全球光刻机市场呈现寡头垄断格局，主要由荷兰ASML公司和日本佳能(Canon)、尼康(Nikon)等少数几家企业主导。其中，ASML公司在高端光刻机市场占据绝对优势，特别是在EUV光刻机领域几乎是垄断的。

这么关键的技术，中国必须要赶上呀！

近年来，中国光刻机国产化进程加快，但与国际领先水平相比仍存在较大差距。

国内企业在光刻机领域取得了一定进展，如上海微电子自主研发的600系列光刻机已实现90nm工艺的量产，并努力突破技术瓶颈以实现更高工艺节点的量产。

然而，高端光刻机技术仍受制于国外供应商，导致国内企业在面对技术挑战和供应链问题时产能和产量受限。

相信国产光刻机一定有更明朗的未来！

光刻技术在快速发展，各项性能都在不断突破，但在研发当中也会面对一些工艺挑战。

① 衍射限制：光刻技术的分辨率受限于光的衍射极限，需要使用先进光学技术和材料来突破这些限制。

② 光刻胶性能：光刻胶的性能对光刻过程至关重要，必须在化学稳定性和图案分辨率之间找到平衡。

③ 设备复杂性：随着节点的缩小，光刻设备变得越来越复杂且昂贵，需要精密制造和维护。

光刻技术的主要目标是实现高分辨率、高精度的图案转移，并不断向更小尺寸、更高性能和更低成本的方向发展。随着半导体工艺节点的缩小，光刻技术也在不断进步，以满足更高集成度和更高性能的需求。

4.1.2 薄膜沉积技术

接下来是薄膜沉积技术， Let’s go！

薄膜沉积技术涉及将材料以气相、液相或固相形式沉积在基底上，形成均匀的薄膜。

这些薄膜在许多应用中至关重要，比如半导体器件、太阳能电池、磁性材料和防腐涂层等。

薄膜沉积技术主要包括以下几个方面。

① 物理气相沉积(PVD)：主要指通过物理手段将材料从源材料转移到基底上；

② 化学气相沉积(CVD)：主要是通过化学反应将气体前体转化为固体薄膜材料，并沉积在基底上；

③ 液相沉积(LVD)：主要通过液态前体在基底上沉积，形成固体薄膜；

④ 原子层沉积(ALD)：一种精确控制薄膜厚度的方法，通过交替注入气体前体，逐层沉积薄膜。

薄膜沉积技术是现代科学和工程中的一个重要领域，各种沉积技术各有优缺点，适用于不同的应用场景。选择合适的技术通常取决于所需薄膜的材料、厚度、均匀性以及经济考虑。在实际应用中，可能会根据具体要求选择或组合不同的沉积技术，目的是在基底材料上沉积一层或多层薄膜。这些薄膜可以非常薄，通常厚度在几纳米到几微米之间，薄膜的性质和功能取决于沉积的材料和方法。

4.1.3 刻蚀技术

下面继续介绍第三种关键技术，名为刻蚀技术(etching technique)。

刻蚀技术？听起来像是某种雕刻或者切割的技术。

刻蚀技术是指在半导体工艺中，按照掩模图形或设计要求对半导体衬底表面或表面覆盖薄膜进行选择性腐蚀或剥离的技术。刻蚀技术不仅是半导体器件和集成电路的基本制造工艺，而且还应用于薄膜电路、印刷电路和其他微细图形的加工。

刻蚀还可分为湿法刻蚀和干法刻蚀。

① 湿法刻蚀：指的是利用液态化学溶液刻蚀固体材料表面的技术；

② 干法刻蚀：指的是没有液体的参与，利用等离子体或反应气体来刻蚀晶圆表面固体材料的刻蚀技术。

听起来挺简单，但是具体该怎么选择呢？我怎么知道什么情况下该采用什么技术呢？

现代集成电路设计的结构越来越复杂，刻蚀工艺越来越重要了。这方面为师也不很清楚。我们看看大兵老师是怎么处理的。正好大兵老师带了个徒弟，叫小菜。我们听听他们怎么聊的。

以下是大兵老师和徒弟小菜的对话：

大兵师父，我是小菜，刚刚入职，请多关照。我在制订新的芯片产品制程方案时，对刻蚀技术的选择有些犹豫。你觉得我们该怎么决定用干法刻蚀还是湿法刻蚀呢？

嗯，这是一个很好的问题。首先，我们要明确刻蚀技术的核心目标是精确地在基片上形成所需的图形和特征。选择哪种刻蚀方法，其实取决于几个关键因素。

比如哪些因素呢？

首先，我们要看刻蚀任务的具体要求。如果只有干法刻蚀能够满足我们的精度要求，比如需要精确控制线宽或者刻出垂直/锥形角度的结构，那么干法刻蚀就是首选。

明白了，那如果两者都能胜任呢？

如果干法和湿法刻蚀都能完成刻蚀任务，那么通常我们会倾向于选择湿法刻蚀，因为湿法刻蚀在成本上更为经济，而且适合大面积和较简单的图案刻蚀。

原来如此，成本效益也是重要考量。不过，我还是想了解下两种方法的具体应用场景。

当然，湿法刻蚀由于其低成本和高效性，在半导体制造中常被用于初步的加工阶段，或者是那些对精度要求不是非常高的环节。而干法刻蚀，由于其高精度的特点，更适用于制造复杂结构和需要精确控制图案的场合，比如高级集成电路的制造。

这样我就清楚了。那我们在制订方案时，还需要考虑哪些其他因素吗？

还需要考虑材料类型、所需的图案分辨率、刻蚀速率等因素。不同的材料对刻蚀技术的响应不同，选择合适的刻蚀方法能显著提高生产效率和质量。同时，图案的分辨率也是决定刻蚀方法的重要因素，高精度图案自然需要更高精度的刻蚀技术。

好的，多谢您的详细解答。看来我们需要综合考虑这些因素，来做出最合适的选择。

没错，选择合适的刻蚀技术对于保证芯片产品的质量和性能至关重要。希望我们的讨论能对你有所帮助。

4.1.4 封装技术

蛋仔，我们千万别忽视封装技术，想象一下，数百万甚至数十亿的晶体管如何被巧妙地封装在一块小小的芯片上，支撑着我们的电子设备运行。这背后就是封装技术的奥秘。

哇，听起来好厉害！小芯老师请介绍一下集成电路封装吧。

集成电路封装，简单来说，就是将制造好的集成电路芯片用特定的材料和技术包裹起来，形成一个保护壳或引脚框架的过程。

这个保护壳不仅为芯片提供了物理保护，防止其受到外界环境的损害，还确保了芯片与外部电路之间的可靠连接。

集成电路封装技术好重要呀，小芯老师，能讲讲封装技术的流程吗？

没问题！封装技术首先是对芯片进行清洗和测试，确保它干净且性能良好。然后，用特殊的黏合剂把芯片粘贴到封装框架或者基板上，就像给芯片找了个稳固的家。这一步叫“die bond”。

那接下来呢？

接下来叫“wire bond”，通过金属线或引线键合技术，把芯片上的接点PAD与引线框上的引脚连接起来，这样电信号就能顺畅地传输了。这就像是给芯片和外界搭起了一座桥。

听起来挺复杂的，那封装完成后呢？

封装完成后，会用塑料、陶瓷或金属等材料把芯片和引脚都包裹起来，形成一个完整的集成电路封装体。这就像给芯片穿上了一层保护衣。

集成电路封装技术确实非常重要啊！它能够保证芯片在一般环境下正常使用和工作。

是的！首先，它保护了芯片不受物理损伤、化学腐蚀和电磁干扰，延长了芯片的使用寿命。其次，它还决定了芯片与外部电路的连接方式，直接影响着电路的性能和稳定性。而且，随着技术进步，封装技术还在不断缩小尺寸、提高集成度，让我们的电子设备变得更便携、性能更强大。

明白了，封装技术真的是电子组件制造中的关键环节啊！

下面介绍封装的几个重要技术：

（1）引线框架封装（lead frame packages）

引线框架封装是传统的封装技术之一，主要包括双列直插封装（DIP，dual in-line package）（见图 4-2）和表面贴装封装（SMD，surface mount device）（见图 4-3）。

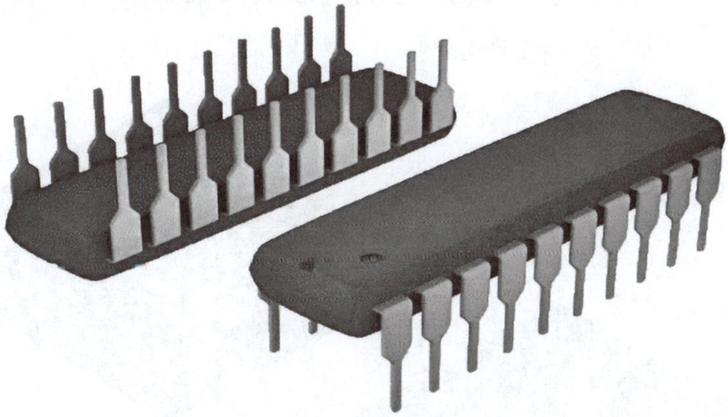

图 4-2　双列直插封装（DIP）示意图

图 4-3　表面贴装封装（SMD）示意图

双列直插封装具有两个并排的引脚阵列，通常用于通过孔插装。适用于中低密度的集成电路，生产工艺成熟，成本较低。

表面贴装封装芯片直接焊接在电路板表面，适合现代电子产品的高密度和高性能要求。该封装工艺发展成熟，成本相对较低，适用于中低密度电子产品。但也有缺点，便是引脚间距较大，限制了封装密度，对高频和高性能应用的支持有限。

（2）芯片直接贴装技术（chip-on-board，COB）

芯片直接贴装技术是将裸芯片直接粘接到电路板上，然后通过焊线或金线将芯片的引脚与电路板上的电路连接。其封装体积小，有助于实现高密度集成，并且适合高性能和高频应用，如 LED 照明和高端电子产品。但是，封装过程中需要精密的焊接技术，制造难度较大，热管理和长期可靠性问题需特别注意。

(3)塑料封装(plastic packages)

塑料封装是最常用的封装类型之一，通常包括球栅阵列封装 BGA(ball grid array)(见图 4-4)和芯片级封装 CSP(chip scale package)。

BGA 的封装底部具有阵列状的焊球，适合高引脚数和高性能应用，提供了良好的电气性能和热管理，但需要精确的回流焊接工艺。

图 4-4 球栅阵列封装(BGA)示意图

CSP 技术的封装体积接近芯片本身的封装，具有非常小的尺寸，适用于需要紧凑设计的应用。

塑料封装成本低，生产效率高，适用于大规模生产和多种应用场景。但塑料材料的热稳定性和长期可靠性较差，封装过程中的质量控制要求高。

(4)陶瓷封装(ceramic packages)

陶瓷封装使用陶瓷材料作为封装体，具有优良的热稳定性和电气性能，造就了优良的热管理性能和可靠性，适用于高温和高频应用。相应地，会提高一定的成本，生产工艺复杂，封装体积通常较大，限制了设计灵活性。

(5)先进封装技术(advanced packaging)

先进封装技术包括了一些新兴的封装方法，如系统级封装(SiP，system-in-package)、3D 封装(3D packaging)、倒装芯片(FC，flip-chip)。

系统级封装将多个功能模块(如处理器、存储器、射频模块等)封装在一个封装体内，实现系统级集成。

3D 封装通过将多个芯片垂直叠放在一起进行封装，提高了集成度和缩小了体积。

倒装芯片将芯片倒置，直接与基板上的焊点连接，提高了电气性能和散热能力。该封装技术高度集成，节省空间，提供了更好的电气性能和热管理解决方案。但工艺复杂，成本较高，需要先进的制造设备和技术支持。

4.2 集成电路工艺方向对从业者的技术要求

集成电路工艺方向的从业者是典型的全能型选手、“六边形战士”。需要的主要技能包括：

① 扎实掌握半导体物理、电子学及材料科学等基础理论，深入理解半导体器件工作原理，并能熟练运用电子设计自动化工具进行设计和模拟。

② 在工艺技术方面，他们应熟悉各种半导体制造工艺，关注功耗、速度和面积等关键指标的优化，并理解工艺步骤对器件性能和制造质量的影响。

③ 从业者还需熟练掌握各种制造设备的操作和维护，确保设备的高效运行和故障排除。

④ 在工艺开发与优化方面，他们应具备创新能力，能够提升工艺性能、降低成本并提高良率。

⑤ 数据分析与问题解决能力同样重要，他们需要运用统计工具分析工艺数据，识别问题并提出解决方案。紧跟行业技术趋势，将新技术有效应用于实际生产中，也是从业者必备的能力之一。

⑥ 在新技术方面，从业者需要持续关注行业最新的技术趋势和进展。

⑦ 良好的团队合作与沟通能力、质量控制与安全管理意识也是确保工艺高效、可靠运行的关键。

⑧ 了解和执行质量控制标准，熟悉半导体制造中的安全操作规程，确保生产过程符合安全标准。

综上所述，集成电路工艺方向的从业者需具备深厚的理论基础、精湛的工艺技能、敏锐的技术洞察力以及全面的职业素养。

4.2.1 基础知识

熟悉半导体物理、电子学、材料科学等基础理论。了解半导体器件的基本工作原理，如MOSFET、BJT等。从业者需要深入理解半导体物理和电路设计原理，能够运用电子设计自动化（EDA）工具进行设计和模拟。他们需要掌握集成电路的布局、功能块设计以及电源和信号完整性分析。

小芯老师，听了这么多，我真的想在集成电路领域认真学习了，以后争取成为大兵老师那样的工程师。您能给我详细说说，要想在这个领域发展，得掌握哪些硬核知识吗？

哈哈，你算是问对人了。首先，你得是半导体物理的“探险家”，深入那片微观粒子的奇妙世界，了解电子如何在半导体材料中翩翩起舞，它们是怎么按照能带和量子效应运动的。

哇，听起来就像是在看科幻电影一样！那电子学呢？

电子学，那就是你手中的魔法棒，能将那些微观世界的规律变成现实世界的奇迹。你得学会用电子学的魔法，设计电路，让电流按照你的意愿流淌，实现信息的传递与变换。

那材料科学呢？是不是就像是在挑选魔法材料一样？

没错，材料科学就像是你的魔法材料库。你得了解各种材料的特性，知道哪些材料能让电子跑得更快，哪些能让电路更稳定。挑选合适的材料，就像是为你的魔法加上了最强大的“buff”。

那MOSFET和BJT这些器件呢？需要详细了解吗？

这些器件啊，就像是电路世界里的超级英雄。MOSFET，它是电流的指挥官，能通过微小的电压变化来控制大电流的流动；BJT，则是电流的放大器，能让微弱的信号变得强大无比。理解它们的工作原理，就像是掌握了超级英雄的超能力。

太酷了！那EDA工具又是什么呢？

EDA工具啊，那就是你的魔法工具箱。它里面装满了各种神奇的工具，可以帮你设计出复杂的电路，还能模拟出电路的工作情况。有了它，你就能在虚拟世界里先试验你的魔法，确保一切万无一失。

那我还需要掌握哪些技能呢？

除了这些基础知识外，你还需要学会如何布局你的集成电路，就像是摆放魔法阵一样；设计功能块，就像是组合不同的魔法咒语；还要懂得电源和信号完整性分析，确保你的魔法能够稳定、高效地施展。

4.2.2 工艺技术

需要熟练掌握常见的半导体制造工艺，如光刻、刻蚀、离子注入、氧化、化学气相沉积（CVD）、物理气相沉积（PVD）等。设计人员还需要关注功耗、速度、面积等关键指标，进行优化和验证，以确保设计满足性能和制造要求，理解不同工艺步骤对器件性能和制造质量的影响。

听说半导体制造工艺里，光刻就像是微缩世界的雕刻师，是真的吗？

没错，你比喻得真贴切。光刻啊，就是用光的力量在硅片上绘制出精密的电路图案，就像是用最细的针在绸缎上刺绣一样，每一个线条都不能有丝毫偏差。

那刻蚀呢？听起来像是雕刻刀在工作的声音。

刻蚀啊，就是这把雕刻刀真正发挥作用的时刻。它把光刻留下的图案变成实实在在的电路结构，就像是用刻刀在石板上雕刻出精美的图案。但这里的刻刀是化学或物理的方法，而石板则是脆弱的硅片，每一步都得小心翼翼。

哦，我明白了。那离子注入呢？听起来好高科技啊！

离子注入就像是微观世界的精准狙击。我们利用高速离子束，像狙击手一样精确地将元素注入到硅片内部，调整它的电学性能。这就像是在细胞层面进行基因编辑，虽然难度大，但效果却是惊人的。

哇，听起来好酷！那氧化和CVD、PVD呢？它们又扮演什么角色？

氧化就像是给硅片穿上了一层保护衣，通过化学反应生成一层致密的氧化物薄膜，保护它不受外界侵害。而CVD和PVD，则是给硅片穿上各种功能性的外衣。CVD像是化学魔法师，用化学反应在硅片上“长出”金属、氧化物等薄膜；PVD则像是物理工匠，用物理方法将材料沉积到硅片上。这些薄膜就像是电路的骨架和血肉，让芯片能够正常工作。

原来半导体制造工艺这么复杂又神奇啊！那作为设计师，我们得怎么做才能确保所设计的芯片能被制造出来呢？

这就需要我们密切关注功耗、速度、面积等关键指标，通过优化设计和验证来确保芯片的性能满足要求。

同时，我们还要深入理解不同工艺步骤对器件性能和制造质量的影响，与工艺工程师紧密合作，共同解决可能出现的问题。只有这样，我们才能打造出高性能、高质量的芯片产品。

4.2.3 设备操作与维护

从业者需要熟悉各种制造设备的操作，如光刻机、刻蚀机、CVD 和 PVD 设备。他们应了解设备的操作手册，能够进行设备的日常操作，包括设置参数、加载和卸载晶圆等。他们还需具备故障诊断能力，能够识别和解决操作过程中出现的常见问题。维护工程师需要定期进行设备保养，包括清洁、校准和更换耗材。他们需要具备设备维护和修复技能，能够进行设备故障排除和部件更换。此外，他们还需要跟踪设备性能数据，进行预防性维护，以避免设备故障影响生产效率。

大兵师父，我刚看了咱们车间里的光刻机、刻蚀机，还有那些CVD和PVD设备，感觉它们就像是高科技的巨人，我该怎么去驾驭它们呢？

哈哈，你比喻得真形象。这些设备确实是咱们半导体制造的“巨人”，但只要你掌握了方法，它们就会成为你最得力的助手。

首先，你得熟悉每台设备的操作手册，那就像是它们的“使用说明书”，里面藏着操作设备的所有秘密。从开机到关机，从设置参数到调整工艺，每一步都要按照手册来，这样才能确保设备稳定运行。

日常操作嘛，就像是你给这些“巨人”喂食和清理一样。你要学会如何加载和卸载晶圆，就像是给它们送上美味的“食材”；还要懂得如何设置参数，让它们在最佳状态下工作。记住，每一步操作都要细心、准确，不能有丝毫马虎。

当然，作为设备操作员，你还得练就一双“火眼金睛”，能够快速识别出设备运行中的异常情况。一旦发现问题，就要立刻启动你的“故障诊断雷达”，用你学到的知识和技能去排查问题、解决问题。这就像是在玩一场高科技的“侦探游戏”，既刺激又充满挑战。

而说到设备维护和保养，那更是咱们维护工程师的拿手好戏了。我们要定期对设备进行清洁、校准和更换耗材，就像是给这些“巨人”做体检和保养一样。只有这样，它们才能保持最佳状态，持续为我们产出高质量的芯片。

此外，我们还需要跟踪设备的性能数据，进行预防性维护。这就像是你提前给“巨人”穿上防护服一样，让它们在面对潜在风险时能够从容应对。这样一来，不仅能减少设备故障对生产效率的影响，还能提高整个生产线的稳定性和可靠性。

哇，原来设备操作和维护还有这么多门道啊！看来我得加倍努力学习才行了。

没错，只要你肯学、肯钻研，就一定能成为设备操作和维护的佼佼者。加油吧！

4.2.4 工艺开发与优化

具备工艺开发能力，能够设计和优化制造工艺以提升性能、降低成本和提高良率。

了解工艺流程的各个环节，并能够在实际生产中进行调优。制造过程中，从业者需要精通各种工艺步骤，如光刻、刻蚀、化学气相沉积（CVD）、物理气相沉积（PVD）等。他们需要理解材料的特性，如硅、掺杂材料和介电层，并能控制这些工艺步骤中的各种参数，如温度、压力和时间。此外，工艺工程师需要解决制造过程中的问题，如缺陷检测和修复，以确保产品质量和良率。

嘿，我是老高，是负责整个产线的项目经理。大兵，你看我们最近对制造工艺进行了微调，效果真的不错！那批新产品的性能数据一出来，我就迫不及待想和你分享了。

哦？老高师父就是厉害。快说说，你都做了哪些调整？我一直觉得我们的工艺流程还有很大的优化空间。

是这样的，我深入研究了光刻这一步，发现通过微调曝光时间和焦距，我们能显著提升图形的精度。这样一来，不仅产品性能有了质的飞跃，而且因为减少了返工次数，成本也降了不少呢！

嗯，光刻确实是整个流程中的关键环节。那刻蚀那边呢？有没有什么新发现？

当然有！我在刻蚀工艺中引入了更精细的等离子控制系统，它能更精确地控制刻蚀深度和均匀性。这样一来，产品的表面粗糙度大大降低了，良率自然就上去了。

厉害！那材料方面呢？我们用的硅、掺杂材料和介电层，它们的特性对工艺影响也很大。

没错，我特意花了不少时间研究这些材料的物理和化学性质。通过调整化学气相沉积(CVD)和物理气相沉积(PVD)过程中的温度、压力和时间参数，我找到了最佳组合，使得材料层的质量更加稳定，与预期值高度吻合。

这真是一项细致入微的工作！不过，我们也不能忽视制造过程中的问题检测和修复。毕竟，哪怕是一个小小的缺陷，都可能影响整批产品的质量。

没错，所以我引入了一套智能缺陷检测系统，它能实时监控生产过程，一旦发现异常立即报警并自动调整参数。同时，我们还建立了快速响应团队，确保任何发现的问题都能迅速得到修复，最大程度减少损失。

太棒了！您的这些努力，不仅提升了产品的性能，降低了成本，更重要的是提高了产品的良率。这对我们公司的市场竞争力来说，可是大大的加分项啊！

谢谢夸奖，不过这也是我们整个团队共同努力的结果。接下来，我们还要继续探索，争取在每一个环节都做到极致，让我们的产品更加完美！

让我们一起加油，向着更高的目标迈进！

4.2.5 数据分析与问题解决

从业者需要具备数据分析能力，能够使用统计工具和软件分析工艺数据，识别问题并提出解决方案。

测试工程师需要熟悉实验设计和统计过程控制（SPC）方法，具备故障分析能力，能够使用测试设备如示波器、逻辑分析仪和自动测试设备（ATE）进行电路功能验证和性能评估。他们需要设计和实施测试计划，分析测试数据，识别潜在问题并进行修正。

测试人员还需了解测试覆盖率和故障排除技术，以确保集成电路在实际应用中的可靠性。

欢迎来到我们的测试部门。这里是你即将大展拳脚的地方。首先，我要给你介绍一下我们工作中不可或缺的几个关键方面。

首先，数据分析能力至关重要。想象一下，你就像是数据海洋中的航海家，使用统计工具和软件作为你的罗盘和望远镜。你要能从中筛选出有价值的信息，识别出生产流程中的波动和异常，然后提出解决方案，引导我们驶向更平稳、更高效的海域。

听起来很有挑战性，也是我非常感兴趣的领域。我会努力学习，尽快掌握这些技能的。

没错，而且你还得熟悉实验设计和统计过程控制(SPC)方法。这些方法就像是你的航海图，帮助你规划测试路径，确保每一步都精准无误。通过科学的设计和控制，我们能够减少变异，提高产品质量的一致性。

我明白了，这些方法对于保证产品质量至关重要。我会认真学习的。

然后，测试设备，它们是你的得力助手，比如示波器、逻辑分析仪和自动测试设备(ATE)。通过这些设备，你可以对电路进行深入的功能验证和性能评估。就像是给电路做一次全面的体检，确保它们健康无恙。

哇，这些设备看起来好先进啊！我已经迫不及待想要亲手操作它们了。

当然，你会有机会的。不过在此之前，你需要掌握故障分析的能力。当测试数据出现异常时，你要能够迅速定位问题所在，并设计有效的故障排除方案。这就像是在复杂的迷宫中找到出路，需要敏锐的洞察力和丰富的经验。

我明白了，故障分析是测试工作中不可或缺的一环。我会努力提升自己的这项能力。

最后，别忘了关注测试覆盖率和故障排除技术。它们就像是你的安全网，确保我们在实际应用中能够应对各种复杂情况。通过全面的测试覆盖和高效的故障排除技术，我们能够提升产品的可靠性和客户满意度。

谢谢您的详细介绍。我会牢记这些要点，努力成为一名优秀的工程师。我相信在这个团队中，我能够不断学习和成长。

4.2.6 新技术的跟踪与应用

从业者需要持续关注行业最新的技术趋势和进展，如先进的工艺节点、新材料或创新的制造技术、先进封装技术等。他们应通过学术论文、行业报告、技术会议等渠道获取最新信息，并评估这些新技术对现有工艺的潜在影响。新技术应用：从业者需要能够将新技术有效地应用于实际生产中，推动技术升级和创新。这包括进行技术评估、试验验证、工艺改进和优化。他们需要与研发团队合作，调整现有工艺以兼容新技术，确保其在生产中的可行性和稳定性。

老高经理，最近半导体界真是热闹非凡啊！我听说有几个关键技术趋势正在引领行业变革，您能给我们详细聊聊吗？

当然可以，首先，不得不提的就是先进封装技术。这就像是给芯片穿上了一件高科技的“外衣”，不仅让芯片间的互连更加高效、密集，还极大地提升了系统的整体性能和功耗比。想象一下，未来的芯片封装将如同微缩的城市，各个功能模块紧密相连，却又各自独立运作，这种集成度的提升，对于人工智能、5G通信等高性能应用来说，简直是如虎添翼。

哇，那听起来真是太酷了！那纳米尺度制造技术呢？我听说这也是个热门话题。

没错，纳米尺度制造技术正逐步成为半导体工艺的主流。随着工艺节点不断向更小的尺寸推进，比如从7nm到5nm，再到未来的3nm甚至更小，我们需要在原子级别上精确控制材料的生长和加工。这就像是在微观世界里进行一场精细的雕刻艺术，每一个步骤都需要极高的精度和稳定性。

这不仅要求我们在材料科学上有所突破，比如开发新型的低电阻材料、高迁移率沟道材料等，还需要在制造工艺上不断创新，比如采用极紫外光(EUV)光刻等先进技术，来应对这些前所未有的挑战。

听起来既激动人心又充满挑战。那作为从业者，我们该如何应对这些技术变革呢？

首先，保持学习的热情是关键。你们需要时刻关注行业内的最新动态，通过阅读学术论文、参加技术会议、订阅行业报告等方式，不断充实自己。同时，要有敏锐的洞察力，能够准确判断哪些技术趋势将对行业产生深远影响，并提前做好准备。

其次，实践是检验真理的唯一标准。你们需要将学到的理论知识应用到实际工作中，通过试验验证、工艺改进和优化，将新技术转化为实际的生产力。这可能需要与研发团队紧密合作，共同解决技术难题，确保新技术在生产中的稳定性和可靠性。

听您这么一说，我深感责任重大，但同时也充满了动力。看来，我们半导体人不仅要紧跟时代步伐，更要勇于探索未知，推动行业不断向前发展。

正是如此，半导体行业是一个充满机遇与挑战的领域，只要你们保持好奇心和求知欲，勇于创新和实践，就一定能在这个领域里大放异彩。加油！

4.2.7 团队合作与沟通能力

跨部门协作：从业者能够与设计工程师、制造工程师、测试工程师及其他相关部门有效协作，共同解决问题，优化工艺流程。

项目管理：在团队项目中，能够参与项目规划、分配任务、跟踪进度，并协助团队成员克服技术挑战，以确保项目按时完成。

知识共享：乐于分享自己的技术经验和知识，与团队成员共同学习和提高，促进团队整体技能水平的提升。

技术沟通：能够清晰、准确地传达技术信息，包括工艺细节、问题分析和解决方案。这对于确保团队成员之间的理解一致性和高效决策至关重要。

报告和文档：撰写详细的技术报告、文档和记录，以支持工艺开发、问题解决和项目管理。这需要具备良好的书面表达能力和整理信息的能力。

协调与谈判：能够在团队内部及与其他部门、供应商、客户的沟通中，进行有效的协调和谈判，解决冲突，达成共识。

良好的团队合作与沟通能力不仅能够提高工作效率，还能够推动项目成功，实现技术创新。

各位，今天我们的主要议题是如何进一步优化我们的集成电路制造工艺，特别是在先进节点上实现更高的集成度和更低的功耗。这个项目对我们公司来说至关重要，它将直接决定我们在未来市场上的竞争力。

我理解这次优化的核心在于如何更好地利用纳米级尺度的制造技术。我们设计部门已经根据最新的EDA工具，设计出了一些在理论上能够实现更高集成度的电路布局。但正如老高经理之前提到的，制造环节中的挑战同样巨大。

在纳米尺度下，材料的性质、加工精度以及工艺控制都变得异常敏感。我们需要与设计部门紧密合作，共同探索新的工艺方案，比如采用更先进的光刻技术、引入新的薄膜沉积方法等，来确保设计的可制造性。

而且，测试环节也绝不能放松。随着工艺节点的不断缩小，任何微小的缺陷都可能导致芯片性能的显著下降甚至失效。我们需要建立更加严格的测试标准，采用更先进的测试设备，来确保每一片出厂的芯片都能达到我们的质量要求。

非常好，大家的观点都很中肯。在项目管理方面，我会确保每个阶段都有明确的目标和计划，并分配好相应的资源。同时，我也会密切关注项目的进度，及时解决可能出现的问题。

我觉得，在这个项目中，知识共享尤为重要。我们可以定期举行技术交流会，分享各自在设计和制造过程中遇到的问题和解决方案。这样不仅能提高我们的工作效率，还能促进团队内部的技术进步。

没错，特别是关于新材料、新工艺的学习。集成电路工艺的发展日新月异，我们必须保持敏锐的嗅觉，不断吸收新知识，才能跟上时代的步伐。

技术沟通也是关键。我们需要建立一种高效、准确的沟通机制，确保设计、制造、测试等部门之间的信息流通畅通无阻。同时，详细的报告和文档也是必不可少的，它们能为我们提供宝贵的历史数据和经验教训，帮助我们不断优化工艺流程。

大家说得都很好。在这个项目中，我们不仅要关注技术层面的挑战，还要注重团队协作和沟通。只有大家齐心协力，才能克服一切困难，实现我们的目标。让我们共同努力，为公司的集成电路事业贡献我们的智慧和力量！

4.2.8 质量控制与安全管理

工艺监控：实时监控生产过程中的各项参数，确保工艺稳定，并能及时发现和纠正异常情况。

测试与验证：实施严格的测试和验证程序，检查产品是否符合设计规范和质量标准。包括使用先进的测量仪器和测试方法。

问题分析：进行根本原因分析，识别和解决质量问题，持续改进工艺和流程，以提高产品的可靠性和一致性。

工艺安全：确保生产过程中的化学品、设备和操作符合安全规定，防止事故和污染。包括定期进行安全培训和风险评估。

设备维护：定期检修和维护生产设备，以防止因设备故障引发的安全问题，确保设备的正常运转。

应急预案：制定和演练应急预案，以应对可能发生的突发事件，如火灾、泄漏或其他紧急情况，确保员工和生产环境的安全。

了解和执行质量控制标准，如 ISO 等。

熟悉半导体制造中的安全操作规程，确保生产过程符合安全标准。

这些技术要求有助于确保集成电路工艺的高效、可靠和创新。

各位，今天我们的讨论将聚焦于如何让我们的集成电路制造工艺更加高效、可靠且富有创新性。首先，工艺监控，它就像是我们生产线的眼睛和耳朵，实时捕捉着每一个细微的参数变化。想象一下，如果我们能像超级英雄一样，拥有透视一切的能力，那么任何工艺上的微小波动都逃不过我们的法眼，从而确保我们的工艺稳如磐石，任何异常情况都能被及时发现并纠正，就像医生迅速诊断病人的病症并进行治疗一样。

确实如此，测试与验证，是我们产品质量的守护神。我们采用最先进的测量仪器和测试方法，就像科学家用精密仪器探索宇宙奥秘一样，不放过任何一个可能影响产品性能的细节。通过这些严格的测试和验证程序，我们确保每一片芯片都能完美符合设计规范和质量标准，让客户对我们的产品充满信心。

当然，面对可能出现的质量问题，我们不能只是被动应对。我们要像侦探一样，进行根本原因分析，深入挖掘问题的根源，然后像魔术师一样，用我们的智慧和创造力，解决这些问题，并持续改进我们的工艺和流程。这样，我们的产品才能越来越可靠，越来越一致，从而赢得市场的广泛认可。

但别忘了，安全永远是第一位的。在集成电路制造过程中，我们使用的化学品、设备和操作都必须严格遵守安全规定。我们要定期进行安全培训和风险评估，就像消防员定期演练一样，确保在紧急情况下能够迅速、有效地应对。这样，我们不仅能保护员工的人身安全，还能防止环境污染，为可持续发展贡献力量。

没错，设备维护也是至关重要的一环。我们要像爱护自己的眼睛一样爱护我们的生产设备，定期检修和维护，确保它们始终处于最佳状态。这样，我们才能避免设备故障引发的安全问题，保证生产的连续性和稳定性。

而且，我们还要有备无患，制定并演练应急预案。就像军队进行实战演练一样，我们要确保在火灾、泄漏或其他紧急情况下，能够迅速、有序地采取行动，保护员工和生产环境的安全。

非常好，大家说得都很到位。了解和执行质量控制标准，如ISO和六西格玛等，是我们不断提升产品质量和工艺水平的基石。同时，熟悉半导体制造中的安全操作规程，确保生产过程符合安全标准，更是我们不可推卸的责任。让我们携手并进，共同推动集成电路工艺的高效、可靠和创新发展！

4.3 集成电路工艺工作需要具备的专业知识

4.3.1 工艺设备使用与维护岗

Level -1 青铜段位

要求：能撰写和更新设备的标准作业流程、异常处理、风险管控等技术文件；能完成工艺设备的日常维护保养，排除简单的设备故障。

必备知识：集成电路工艺设备使用和维护知识、半导体工艺制造知识。

Level-2 黄金段位

要求：能对设备和零部件进行验证和评估；能制订及实施设备维护计划，保证设备的性能状态，提高设备的使用率；能完成异常处理和风险管控等技术文件的撰写和更新。

必备知识：设备工作原理知识、风险管控知识、半导体工艺设备维护维修知识。

Level-3 钻石段位

要求：能主持工艺设备的选型和安装调试；能处理设备常规故障，保证设备正常运转；能维护设备稳定，减少工艺缺陷，提高产品质量；能对设备和零部件提出改进意见。

必备知识：设备安装、调试知识，设备质量提升知识。

你看咱们这行，技术成长之路真是既充满挑战又极具魅力。从青铜到钻石，每个阶段都像是解锁新技能的过程。

是啊，青铜段位那会儿，我记得咱俩天天忙着写设备的SOP(标准作业流程)，还得学会怎么快速解决那些小故障。那时候虽然累，但每次成功排除故障，成就感真的爆棚!

没错，那时候咱们就像是设备的贴身保姆，得对它们了如指掌。不过，到了黄金段位，咱们的角色可就不一样了。不仅要能验证设备性能，还得像策划师一样，制订高效的维护计划，确保设备的最佳状态。

对对对，我记得那次咱们合作的设备性能优化项目，通过数据分析找出了瓶颈，实施改进后效率大幅提升。那种感觉，就像是给设备穿上了“加速鞋”，真是太棒了！

而且，黄金段位还强调风险管控，咱们得学会预判并应对潜在问题。就像下棋一样，多算几步，才能稳操胜券。

说到钻石段位，那简直就是咱们工程师的终极目标了吧？能够主导设备的选型、安装调试，还能从源头上减少工艺缺陷，提升产品质量，这得有多牛啊！

只要咱们持续学习，积累经验，总有一天能站在那个高度。钻石段位不仅要求技术过硬，更要有创新思维和解决问题的能力。我相信，你一定能做到的！

谢谢鼓励！我一定会努力的，争取早日达到钻石段位，为公司创造更多价值！

加油！我们一起努力，向着更高的目标前进！

4.3.2 工艺技术开发岗

Level-1 青铜段位

要求：能完成简单工艺研发、调试优化、工艺管控及生产维护；能完成数据收集，定性分析工艺问题，提供解决方案；能完成工艺模型提取和验证，制订器件管控指标，选择可靠性标准。

必备知识：工艺设备和系统的操作知识、实验操作和样品分析知识、器件工艺仿真知识。

Level-2 黄金段位

要求：能建立和完善工艺流程、生产流程、操作指导书的编制，并对新工艺的试产进行测试、优化和可靠性调试；能根据工艺整合的要求，针对新工艺开发所遇到的异常问题，提供解决方案；能建立和维护基于工艺平台的 PDK，完成 PDK 中各个器件的 CDF 参数设置，器件单元的 DRC、LVS、XRC 和仿真验证；能完成 PDK 的功率、性能、面积表征模型提取和性能评估，并进行不同 PDK 之间功率、性能、面积的比较与分析。

必备知识：集成电路器件结构知识、设计规则知识、PDK 开发知识、半导体量测及相关仪器的使用知识。

Level-3 钻石段位

要求：能根据产品需求开发新工艺；能通过工艺调试，减少工序的工艺缺陷，改善工艺的 Cp/Cpk，维护工艺的稳定性，提高成品率；能制订工艺标准，审核作业指导书，编写人员操作规范和培训教材。

必备知识：工艺设备结构和工作原理知识，集成电路材料知识，器件原理和器件物理知识，新工艺调试、异常分析和工艺优化知识，品质管理知识。

小菜，你看我们工艺技术开发岗这个岗位，从青铜到钻石，每一步都是对技术和能力的全面考验。

小菜你现在是青铜段位，已经能熟练完成简单工艺的研发、调试和管控了，数据收集和分析也是信手拈来，这真的很不错。记得那次你通过数据定性分析，迅速解决了生产线上的一个工艺难题，大家都对你刮目相看呢！

谢谢您的肯定，那都是团队共同努力的结果。不过，我深知自己还有很多需要学习的地方。特别是看到黄金段位的要求，感觉那是一个全新的高度。

我下一个学习的目标，是建立和完善工艺流程、编制操作指导书，还有对新工艺进行试产测试和优化，这些听起来就让人兴奋。特别是PDK的开发和维护，感觉像是为工艺世界打造了一套“标准语言”，让每个器件都能精准沟通。

没错，黄金段位确实是个重要的里程碑。它不仅要求你掌握集成电路器件结构、设计规则等基础知识，还需要你深入了解PDK开发、半导体量测等高级技能。这些技能将让你在工艺优化和可靠性调试方面更加得心应手。

记住，每次新工艺的突破，都离不开对细节的极致追求和对问题的深入剖析。

老高经理，我会努力的！

我向往着通过黄金段位到达钻石段位。那时候，我就能够根据公司产品的需求，自主开发新工艺，通过精细的工艺调试，减少缺陷，提高成品率。那将是多么有成就感的事情啊！

而且，制订工艺标准、审核作业指导书、编写培训教材，这些工作不仅能够提升团队的整体水平，也让我自己成为了一个真正的工艺专家。

你有这样的志向和决心，我很高兴。记住，工艺技术的开发就像是一场马拉松，需要耐力和毅力。但只要你不断学习、不断实践，总有一天会达到钻石段位，成为业界的佼佼者。我会一直支持你，和你一起成长。

谢谢您的指导和支持！我会珍惜每一次学习和成长的机会，不断挑战自己，向着钻石段位的目标迈进！

4.3.3　工艺流程优化与整合岗

Level-1 青铜段位

要求：能完成工艺和设计方案优化，提高产品性能及良率；能分析和处理工艺制造中的异常情况；能进行量产产品的可靠性监控及数据分析。

必备知识：集成电路工艺原理知识、工艺可靠性控制知识、数据分析知识。

Level-2 黄金段位

要求：能针对制造工艺过程的问题，提出解决方案并实施；能编写工艺作业指导书；能分析量产产品电性参数统计数据，并制订提升计划。

必备知识：产品加工和装备工艺知识、量产统计数据分析知识、晶圆良率提升知识。

Level-3 钻石段位

要求：能制订工艺整合方案，优化工艺流程，解决线上异常状况，保证产线顺畅运行，提高良率与整体质量，降低生产成本；能根据工艺节点的设计规则及器件性能要求，设计并优化所需的器件物理结构。

必备知识：工艺整合知识、生产线质量管控知识、器件建模及性能优化知识。

小芯老师，我从学校毕业后，就开始了我的工程师生涯的学习。我现在还是一个青铜段位的菜鸟，在学习的过程中，经常能够回忆起您在学校教学的一些内容。每一次在工程实践中遇到问题，能够和学校的理论内容对应起来，都让我兴奋不已。

当然，我一直都相信你的能力。在工程实践中，每一次理论联系实际的进步，都是向着更完美的自己迈进的一步。

哈哈，我就知道你能懂我！我一定尽快达到黄金段位！

嗯，你在上学期间，我就能感觉到你认真的学习态度。我期待着你能早点达到黄金段位，然后迈进钻石段位。

放心吧，小芯老师。钻石段位的目标虽然高远，但我有信心征服。到那时，我会用我的智慧，设计出拥有最好性能的集成电路。我会成为这个领域的传奇！

太好了！我已经迫不及待想要看到那一天的到来。让我们携手并进，共创辉煌！

4.3.4 工艺维护与改进岗

Level-1 青铜段位

要求：能进行工艺的日常维护；能及时处理产品和设备异常、资材短缺，确保生产线连续平顺运转；能改善工艺控制，使用统计过程控制和相关统计方法，提高工艺参数综合制程能力；能建立监控体系，制订监控规范，实时监控产品制程异常和产品缺陷。

必备知识：工艺制程监控相关知识、统计过程控制稳定性监控、六西格玛等相关知识。

Level-2 黄金段位

要求：能进行生产线产品缺陷的检查、控制，对缺陷进行分析、统计及分类；能进行产品异常的快速分析及处理；能编写并改进标准操作流程；能编写工艺检验文件，及时处理产品质量异常。

必备知识：异常分析和处理知识、器件失效分析知识。

Level-3 钻石段位

要求：能评估备用材料、部件的可行性，及时采取措施修正工艺；能建立和优化缺陷检测模型，降低产品缺陷率，提升产品良率，分析缺陷对良率的影响。

必备知识：工艺缺陷产生原理知识、生产线产品良率提升知识、器件制作流程及相关工艺模块知识。

嗨，小菜！听说你在工艺维护与改进方面有着不凡的段位，能和我聊聊吗？

哦，小芯老师，当然可以。那我们就从青铜段位说起吧。在青铜段位，我们首先要确保生产线的日常稳定运行，就像我每天都要检查这些机器，确保它们没有“小情绪”，能够连续不断地进行生产。一旦遇到产品或者设备的小故障，我得像消防员一样迅速解决，不让它们影响到整个产线的进度。

听起来很刺激呢！那统计过程控制和六西格玛这些是什么魔法，能让工艺变得更厉害吗？

哈哈，这可不是一般的魔法，是科学的魔法。我们通过收集和分析生产过程中的大量数据，运用统计过程控制来监控工艺的稳定性，就像给生产线装上了“智慧之眼”。而六西格玛则是一种追求极致完美的理念，帮助我们减少变异，提升工艺精度，确保每一块芯片都质量合格。

哇，那黄金段位呢？

黄金段位的工程师可是产品的守护者哦。他们不仅能快速发现并分析产品上的小瑕疵，还能通过改进标准操作流程和编写工艺检验文件，确保每一个缺陷都能被及时揪出并修正。

那钻石段位呢？

钻石段位的工程师可是真正的工艺大师。他们不仅能评估新材料的可行性，优化工艺流程，还能建立复杂的缺陷检测模型，从根源上减少缺陷，提升产品的良率。他们深知工艺缺陷的产生原理，就像医生了解疾病的成因一样，能够对症下药，让生产线上的每一块芯片都达到最佳状态。

在对集成电路工艺的广阔领域进行了一番深入探索后，我们不禁为其精妙复杂的工艺与日新月异的发展所震撼。集成电路工艺，作为现代信息技术产业的基石，是推动计算机、通信设备、消费电子、汽车电子等众多领域不断向前跃进的关键力量。

集成电路工艺，简而言之，是将数以亿计的晶体管、电阻、电容等元器件，通过一系列精密复杂的制造步骤，集成在一块微小的半导体芯片上的过程。这一过程涵盖了原材料准备、晶圆制造、电路设计、光刻、刻蚀、离子注入、薄膜沉积、金属化互连、封装测试等多个关键环节，每一步都需要严格控制工艺参数，以确保最终产品的性能、可靠性及成本效益。

随着技术的不断进步，集成电路工艺正朝着更小的线宽（即更精细的制造工艺）、更高的集成度、更低的功耗以及更强的功能集成方向发展。从最初的微米级工艺，到如今普遍采用的纳米级乃至亚纳米级工艺，每一次技术迭代都极大地提升了芯片的运算速度、存储能力和能效比，同时也对制造工艺的精度和复杂度提出了更高要求。

此外，三维集成、异质集成等新型集成技术的出现，为集成电路的发展开辟了新的路径。这些技术通过堆叠、键合等方式，将不同功能或不同材料的芯片或器件集成在一起，实现了功能上的高度集成和性能上的显著提升，为解决传统二维集成面临的物理极限问题提供了可能。

展望未来，集成电路工艺将继续在摩尔定律的驱动下，不断探索新的技术边界。同时，随着人工智能、物联网、5G 通信等新兴技术的快速发展，对集成电路的需求也将更加多样化、个性化。因此，如何在保证性能提升的同时，降低制造成本、提高生产效率、实现绿色可持续发展，将成为集成电路工艺研究的重要课题。

总之，集成电路工艺是一个充满挑战与机遇的领域，它的发展不仅深刻地改变了我们的生活方式，更推动了科技的进步。我们有理由相信，在未来的日子里，随着技术的不断创新与突破，集成电路工艺将为我们带来更多前所未有的惊喜与可能。

参考文献

[1] 张冷，李玉魁，张鹏展，等.集成电路制造工艺课程的教学实践研究 [J]. 集成电路应用，2020，37（1）：32-33.

[2] 党思宇，孙晓雅.专利视角下我国光刻技术发展现状分析 [J]. 中国军转民，2023（24）：118-119.

[3] 胡楚雄，周冉，付宏，等.集成电路装备光刻机发展前沿与未来挑战 [J]. 中国科学（信息科学），2024，54（1）：130-143.

[4] 许军.浅谈光刻胶生产工艺 [J]. 广州化工，2024，52（6）：195-197.

[5] 王瑞雪，王慧妍，薛爽，等.管状工件内表面铬基薄膜沉积技术研究进展 [J]. 机械工程学报，2023，59（24）：56-71.

[6] 李兆营，黄添萍.氧化钒薄膜沉积设备及其电阻均匀性调试方法 [J]. 设备管理与维修，2024（11）：103-105.

[7] 于斐，杨振涛，段强，等.基于 HTCC 和薄膜工艺的微系统封装基板制备技术 [J]. 半导体技术，2024，49（11）：1030-1035.

[8] 吕煜坤，王宇威，唐在峰.28nm 高 K 金属栅技术平台光阻回刻工艺中提高刻蚀工艺稳定性的方法研究 [J]. 集成电路应用，2024，41（6）：66-69.

[9] 张雨秋.双列直插型低功耗智能功率模块封装工艺缺陷分析与改善 [D]. 上海：上海交通大学，2008.

[10] 詹前靖，刘小勤，侯再红，等.表面贴装封装发光二极管的结构设计 [J]. 应用光学，2018，39（4）：556-562.

[11] 白羽.芯片塑料封装材料抗辐照性研究 [D]. 北京：北京交通大学，2019.

[12] 陈祎，岳琨，吕复强，等.集成电路异构集成封装技术进展 [J]. 电子与封装，2024，24（9）：47-58.

[13] 柳渊.高性能白光有机发光二极管（WOLEDs）的制备与研究 [D]. 苏州：苏州大学，2015.

[14] 李亚宁，徐登厚.半导体集成电路的质量控制 [J]. 电子工程，1996（1）：48-53.

[15] 陈赟.大规模集成电路自动布局布线设计方法的研究 [D]. 成都：电子科技大学，2003.

[16] 武汉新芯第一片 32nm 闪存晶圆验证成功 [J]. CAD/CAM 与制造业信息化，2014（7）：4.

[17] 范泽域，王方成，刘强，等.三维集成电路先进封装中聚合物基材料的研究进展 [J]. 电子与封装，2024，24（6）：61-70.

[18] 庄琰.集成电路可制造性设计：架起纳米尺度集成电路芯片设计与加工的桥梁 [J]. 科技纵览，2015，0（11）：52-55.

[19] 黄立凝.深亚微米集成电路互连电阻异常分析及其解决方法 [D]. 上海：复旦大学，2010.

[20] 贺京峰.集成电路制造工艺的质量管理分析 [J]. 集成电路应用，2023，40（11）：28-29.

[21] 邹子英，闵靖.集成电路芯片的工艺诱生缺陷 [J]. 微电子学，2003，33（1）：46-48.

[22] 燕禾，吴春蕾，段先健，等.基于纳米二氧化硅浆料的化学机械抛光研究 [J]. 材料研究与应用，2024，18（4）：674-679.

习 题

一、选择题

1. 以下哪种不是集成电路工艺方向的主要技术？（　　）

A. 光刻技术　　B. 铸造技术　　C. 薄膜沉积技术　　D. 刻蚀技术

2. 光刻胶分为（　　）。

A. 酸性光刻胶和碱性光刻胶

B. 正性光刻胶和负性光刻胶

C. 软性光刻胶和硬性光刻胶

3. 光刻机包括（　　）。

A. 步进式光刻机和扫描式光刻机

B. 干式光刻机和湿式光刻机

C. 紫外光刻机和深紫外光刻机

4. 以下哪种光刻技术适用于更小的半导体节点？（　　）

A. 紫外光（UV）光刻　　B. 深紫外光（DUV）光刻

C. 极紫外光（EUV）光刻　　D. 以上都不是

5. 以下关于光刻胶的说法，正确的是（　　）。

A. 只有一种类型

B. 曝光后溶解性不变

C. 正性光刻胶曝光后溶解性变强，负性光刻胶曝光后溶解性变弱

D. 正性光刻胶曝光后溶解性变弱，负性光刻胶曝光后溶解性变强

6. 光刻技术中，随着集成电路制造技术的进步，光刻技术不断向更小的制程节点发展，目前已达到（　　）nm 及以下。

A. 7　　B. 5　　C. 3　　D. 10

7. 在刻蚀技术中，干法刻蚀利用（　　）来刻蚀晶圆表面固体材料。

A. 液态化学溶液　　B. 等离子体或反应气体

C. 物理撞击　　D. 激光照射

8. 在刻蚀技术中，如果要精确控制线宽或者刻出垂直/锥形角度的结构，应优先选择（　　）。

A. 湿法刻蚀　　B. 干法刻蚀

C. 两者均可　　D. 根据成本选择

9. 离子注入是利用（　　）将元素注入硅片内部。

A. 高速电子束　　B. 高速离子束

C. 高速光子束　　D. 高速中子束

10. 在半导体制造工艺中，氧化过程是给硅片（　　）。

A. 去除一层物质　　B. 注入一种元素

C. 穿上一层保护衣（生成致密氧化物薄膜）　　D. 改变其形状

二、填空题

1. 在光刻过程中，光刻胶涂覆在（　　）表面。

2. 光刻掩模上带有（　　），用于将图案转移到光刻胶上。

3. 光刻技术中，在表面涂覆光刻胶后，要进行（　　）操作，该操作需要通过光刻掩模将（　　）照射到硅片上。

4. 光刻技术中，为了保证图案转移的精度，光刻掩模需要具有高（　　）和低（　　）。

三、简答题

1. 简述集成电路工艺的目的。
2. 简述光刻的步骤。
3. 光刻技术的关键挑战有哪些?
4. 简述薄膜沉积技术的概念及主要形式。
5. 简述刻蚀技术的定义。
6. 比较湿法刻蚀和干法刻蚀的区别。
7. 简述集成电路封装的作用。

第5章

集成电路的封装与测试方向

小芯老师，什么是集成电路封装呢？

集成电路封装就像是给集成电路芯片穿上一件超级酷炫的“保护外衣”。芯片原本就像个娇贵的“小王子”或“小公主”，很容易被外界的“小怪兽”(比如灰尘、湿气、振动等)欺负。这时候，封装闪亮登场，把芯片包裹得严严实实，让它能安心地在电子世界里大显身手。不仅如此，封装还像个神奇的“接线员”，把芯片的引脚和外部电路巧妙地连接起来，让它们可以愉快地“聊天交流”。总之，集成电路封装就是那个让芯片变得更强大、更可靠的魔法盒子！

集成电路封装有哪些主要的作用呢？

作用可不少呢！首先，就像刚才说的，保护芯片是很重要的一点。芯片那么小，又那么精密，如果没有好的封装，很容易就被损坏了。

其次，封装可以帮助芯片更好地散热。你知道吗？芯片在工作的时候会产生热量，如果热量不能及时散发出去，就会影响芯片的性能甚至损坏芯片。封装就像是一个散热器，帮助芯片把热量散发出去，让芯片能够稳定地工作。

还有哦，封装可以让芯片更容易安装到电路板上。不同的封装形式有不同的引脚或者连接方式，这样就可以满足不同电子产品的设计需求。

集成电路封装行业的发展前景怎么样呢？

前景非常广阔哦！随着科技的不断进步，电子产品越来越小、越来越智能，对集成电路封装的要求也越来越高。比如说大家都喜欢越来越小的东西，如平板、笔记本等，随着物联网等新兴技术的发展，对集成电路的需求会越来越大，这也会带动集成电路封装行业的发展。未来，集成电路封装行业会不断创新，推出更多更好的封装技术，为我们的生活带来更多的便利和惊喜。

在电子产品的庞大世界中，集成电路封装测试的重要性不言而喻。就如同建造一座坚固的大厦需要稳定的地基一样，集成电路封装测试为芯片的稳定运行奠定了基础。据统计，约有 70% 的芯片故障是由封装和测试环节的问题导致的。这一数据充分说明了封装测试在确保芯片质量和可靠性方面的关键作用。

封装测试首先能够保护集成电路免受外部环境的损害。在我们的日常生活中，电子产品会面临各种恶劣的环境条件，如碰撞、静电放电、湿度和温度变化等。封装测试通过将芯片封装在适当的容器内，为其提供了一道坚固的防护屏障，确保芯片能够在各种环境下正常工作。

其次，封装测试为芯片提供了电流和信号传输的通道。在电子产品中，芯片需要与其他组件进行交互，而封装测试则确保了这种交互的顺畅进行。它提供了所需的引脚数量和类型，使得其他组件可以与集成电路进行连接，从而实现电子产品的各种功能。

此外，通过测试和调试，封装测试能够确保集成电路正常工作并达到预期的性能。在封装过程中，会对集成电路进行一系列的测试，如功能测试、性能测试、耐温测试等。这些测试可以发现和纠正潜在的问题，提高集成电路的稳定性和可靠性。

集成电路封装测试就像是一位魔法师，将原本脆弱的芯片变得强大而稳定。它通过封装技术，为芯片提供了机械保护、电气连接和热管理等功能。例如，先进的封装技术如 BGA、CSP、flip-chip 等，不仅提高了芯片的电气性能，还实现了更小、更轻、更薄的设计目标。

在测试方面，功能测试、性能测试和可靠性测试等多种测试方法的综合运用，确保了芯片在封装后能够按照设计要求正常工作，并满足规定的性能指标。同时，通过严格的测试和筛选过程，可以及时发现并剔除存在缺陷的芯片，确保最终产品的质量和可靠性。

5.1 集成电路封装方向的主要技术

5.1.1 双列直插封装（DIP）

嘿，大家好呀，我是集成电路封装界资格最老的双列直插封装，也叫 DIP 封装。我有着诸多优点呢。我非常可靠，粗壮的引脚和较大的间距让我在各种复杂的环境中都能坚守岗位，不易出现问题。我也很容易和大家打交道，当需要进行电路调试或维修时，人们可以轻松地将我插入或拔出插座，就像与一位老朋友互动一样。而且，我的散热能力也不错哦，两侧的引脚就像是散热的小翅膀，帮助集成电路保持冷静，稳定地发挥作用。

图 5-1 所示是我的照片。

不过，我也有自己的小缺点。我的体积相对较大，在这个追求小巧玲珑的时代，可能会显得有点占地方。而且，由于引脚间距较大，在有限的电路板空间里，我的安装密度比较低。

但我可不会因此而气馁。在教育领域，我是学生们探索电子世界的好伙伴，他们可以通过我亲手实践，更好地理解电子电路的奥秘。在工业控制领域，我以可靠的品质为各种设备保驾护航。在维修市场，我更是一位得力干将，人们很容易就能找到我并进行替换和修复。

总之，我虽然不是最耀眼的那个，但我会一直以自己的方式，为电子世界贡献自己的力量。

图 5-1　双列直插封装（DIP）

5.1.2 单列直插封装（SIP）

嘿，我是单列直插封装，也叫 SIP 封装，图 5-2 是我的照片。

我就像一个优雅的独行者，以细长的身形和整齐排列的引脚展现着自己的独特魅力。我的一排引脚如同坚定的步伐，一步一个脚印地在电路板上踏出属于自己的道路。

我有着自己的闪光点呢。我结构简洁，不拖泥带水，能够在有限的空间里发挥出最大的作用。我的安装也十分方便，人们可以轻松地将我插入电路板，就像为一场电子之旅开启一扇便捷之门。

然而，我也并非十全十美。我的功能相对单一，可能不像其他封装形式那样多才多艺。而且，由于只有一排引脚，我的数据传输能力和稳定性可能会受到一定的限制。但在一些特定的应用场景中，我依然能绽放光彩。比如在一些小型电子设备中，我以小巧的身躯为它们提供着恰到好处的解决方案。在一些对空间要求苛刻的场合，我努力发挥自己的优势，为电子产品的设计带来更多的可能性。

我虽然只是电子世界中的一个小角色，但我会一直以自己独特的方式，为这个充满科技魅力的世界贡献一份力量。

图 5-2　单列直插封装（SIP）

5.1.3 小外形封装（SOP）

嘿，大家好！我是小外形封装，也叫 SOP 封装，图 5-3 是我的照片。

我就像一个小巧玲珑的魔法盒子，把那些厉害的芯片保护在我的怀抱里。我虽然身材不大，但可别小瞧我哦。我能给芯片一个安稳的家，让它们免受外界的干扰和伤害。我长得很精致呢，就像一个迷你的小宝贝。当你看到我的时候，一定会被我的小巧可爱所吸引。

我可以轻松地融入各种电子产品中，不占太多空间，却能发挥巨大的作用。我就像是芯片的忠诚卫士，时刻守护着它们。我让芯片与电路板之间的连接更加紧密可靠，信号可以在我这里畅通无阻地传输，就像在高速公路上飞驰一样。

我和我的芯片小伙伴们一起努力，让这些设备变得更加便携和时尚。比如你的手机，说不定里面就有我在默默奉献呢。

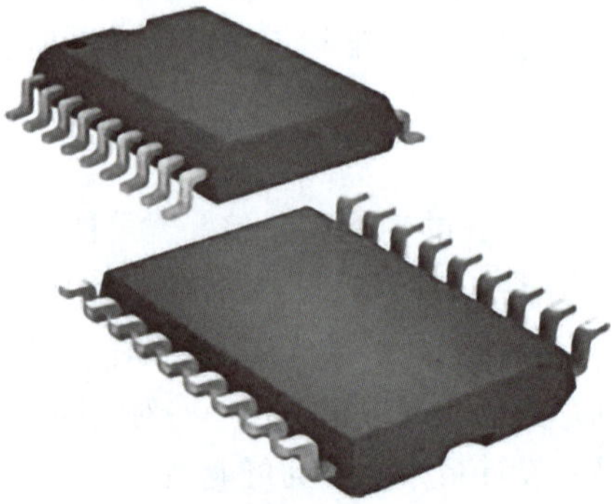

图 5-3　小外形封装（SOP）

5.1.4　四方扁平封装（QFP）

嘿，大家好呀！我是四方扁平封装，也叫 QFP 封装，图 5-4 是我的照片。

我有着扁平的身材，这让我在电子世界里能够轻松地占据一席之地。别看我平平无奇，我可是有着大本事呢！我能把芯片紧紧地包裹起来，为它提供全方位的保护。无论是外界的灰尘、湿气，还是各种电磁干扰，都别想轻易靠近我守护的芯片。

我和电路板的连接也非常牢固，就像好朋友紧紧地拉着手一样。信号在我这里可以快速而稳定地传输，让电子产品能够高效地运行。

图 5-4　四方扁平封装（QFP）

在很多电子产品中都能看到我的身影，比如电脑主板、各种控制器等。我就像是一个默默奉献的小战士，为了让这些设备发挥出强大的功能而努力着。

我虽然没有华丽的外表，但我用自己的实力证明着自己的价值。我会一直坚守在自己的岗位上，为电子世界的繁荣贡献自己的力量。快来认识认识我吧！

5.1.5 球栅阵列封装（BGA）

大家好，我是球栅阵列封装，也叫 BGA 封装，图 5-5 是我的照片。

我就像是给芯片穿上了一件超级时尚的 “球形铠甲”。那些密密麻麻的小球，可都是我的得力助手。它们就像一群小卫士，把芯片保护得严严实实的。有我在，芯片就可以安心地在电子世界里闯荡啦。我和电路板的连接方式那也是相当独特。这些小球让我和电路板之间的关系更加紧密可靠，信号在我们之间传输得又快又稳，就像在高速公路上飞驰的跑车一样。

我在电子世界里可是很受欢迎的哦！工程师们都很喜欢我，因为我能让他们设计出更厉害的电子产品。我就像一个电子世界的明星，走到哪里都闪闪发光。快来认识认识我这个厉害的球栅阵列封装——BGA 吧！我会继续为电子世界的精彩而努力奋斗。

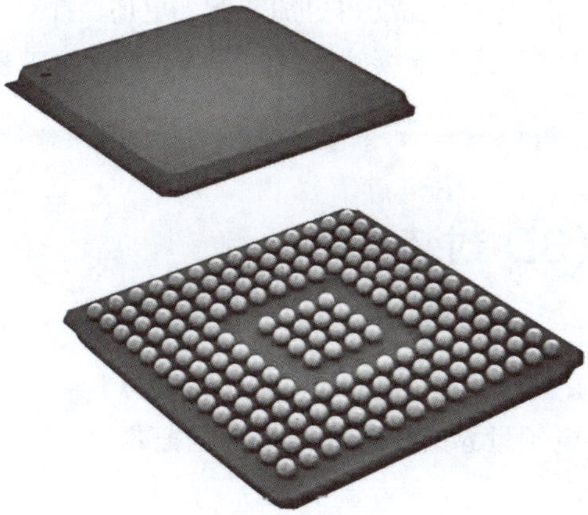

图 5-5　球栅阵列封装（BGA）

5.1.6 芯片级封装（CSP）

嘿，大家好呀！我是芯片级封装。

我虽然身材小，但是我的本领可不小哦。我能让电子产品变得更加轻薄小巧，方便大家随身携带。想象一下，你的手机因为有了我变得像纸片一样薄，轻松就能放进你的口袋或者包包里，是不是很厉害呢？

我对芯片的保护也是无微不至的。我紧紧地包裹着芯片，让它免受外界的干扰和伤害。而且，我还能让芯片的性能发挥得更加出色，速度快得像闪电一样。

在电子世界里，我可是个小明星呢。大家都很喜欢我的小巧和高效。我就像一个小小的精灵，为电子产品带来无限的可能。快来认识认识我这个可爱又强大的 CSP 吧！

5.1.7 系统级封装（SiP）

嘿，大家好！我是系统级封装，简称 SiP。

我就像一个超级大管家，把这些芯片和元件管理得井井有条。大家齐心协力，为电子产品赋予强大的功能。有了我，电子产品可以变得更加小巧精致，却又功能满满。

我可以让手机、平板电脑等设备在小小的身体里蕴含巨大的能量。想象一下，你的手机可以拥有超强的处理能力、大容量的存储和各种酷炫的功能，而这一切都离不开我的功劳。

我就像是一个电子世界的魔法师，把不同的元素融合在一起，创造出令人惊叹的奇迹。我不断挑战极限，让电子产品变得更加智能、更加便捷。快来认识认识我这个神奇的系统级封装——SiP 吧！我会继续施展我的魔法，为大家带来更多的惊喜。

5.1.8 三维封装（3D 封装）

嘿，大家好呀！我是三维封装，也就是超酷炫的 3D 封装。

我呀，就像是一个电子世界的建筑大师。我能把芯片一层一层地堆叠起来，建造出一座神奇的电子大厦。

我能让电子产品变得更加小巧强大。想象一下，原本需要很大空间才能容纳的芯片，现在可以在我的魔法下，紧密地堆叠在一起，就像一本厚厚的书，却只有手掌那么大。这可真是太神奇了！

我还能大大提高芯片之间的通信速度。因为芯片们离得更近了，信号可以更快地在它们之间传递，就像在高速公路上飞驰的赛车一样。

在未来的电子世界里，我将会是一颗耀眼的明星。我会不断创新，为大家带来更多的惊喜。快来认识认识我这个厉害的三维封装——3D 封装吧！我会带着大家一起探索电子世界的无限可能。

5.2 集成电路测试方向的主要技术

嘿，各位科技大侠们！今天咱们要来一场超级刺激的集成电路测试大冒险，就像芯片们的疯狂“趣味闯关”。

想象一下，那些集成电路芯片就像是一群调皮的小精灵，准备在测试的世界里大显身手。而集成电路测试呢，那就是一个神奇的魔法王国，里面有各种关卡等着这些小精灵去挑战。

5.2.1 功能测试关

首先让我们走进集成电路测试中超级刺激的功能测试关。这功能测试关就像是一个奇幻的魔法竞技场，一个个集成电路芯片如同勇敢的小斗士，准备在这里大展身手。想象一下，当芯片踏入这个关卡，就仿佛进入了一个充满挑战的任务世界。这里有各种各样的难题等待着它们去攻克。它可能要像一个超级数学家，快速而准确地进行复杂的计算；又或许要变成一位音乐大师，流畅地播放出高保真的音乐；还可能得化身为图像处理器中的高手，把模糊的画面变得清晰无比。

功能测试就像是一场对芯片能力的全面检阅。如果芯片在这个关卡表现出色，那它就像是舞台上光芒四射的明星，让人赞叹不已。但要是哪个芯片在这一关中掉了链子，那可就惨啦，就如同一个在表演中失误的演员，灰溜溜地被打回原形，等待着进一步的改进和提升。

在这个关卡中，测试人员就像是严格的裁判，他们用各种专业的设备和方法，仔细观察着每一个芯片的表现。他们不放过任何一个小细节，确保只有真正具备强大功能的芯片才能顺利通过这一关。

功能测试关是集成电路测试中至关重要的一环，只有通过了这个关卡的芯片，才有资格继续在电子世界的舞台上绽放光彩。

功能测试关怎么进行测试呢？

通常会使用专门的测试设备和软件。把芯片连接到测试设备上，然后模拟各种实际的工作场景，给芯片发送不同的指令和数据。比如让芯片处理一组复杂的图像数据，或者播放一段特定的音乐文件。然后观察芯片的输出结果，看它是否符合预期。如果结果不对，测试人员就会进一步分析问题出在哪里。

5.2.2 参数测试关

现在让我们一同踏入集成电路测试中神秘而重要的参数测试关。

参数测试关就像是一个高科技的医疗中心，专门为集成电路芯片进行一场极为精细的“体检”。这里，芯片们将接受直流参数测试和交流参数测试这两大 “科室” 的全面检查。直流参数测试就像是给芯片做一次基本的 “身体检查”。电压、电流、电阻这些参数就如同芯片的 “血压”“血糖” 和 “体温”，测试人员会用精密的仪器仔细测量这些数值，确保它们都在正常的范围内。如果某个芯片的直流参数出现异常，那就好比一个人的身体指标不正常，可能暗示着芯片存在潜在的问题。

而交流参数测试呢，则像是在听芯片 “唱歌”。频率响应、相位延迟等指标就像是歌曲的音调、节奏和旋律。测试人员会用专业的设备去聆听芯片在交流信号下的 “歌声”，判断它是否优美动听。如果芯片在交流参数测试中表现不佳，那就如同一个歌手唱歌跑调或者节奏不稳，需要进一步调整和优化。

在这个参数测试关中，每一个数据都至关重要。测试人员就像一群严谨的医生，不放过任何一个微小的异常。他们会仔细分析每一个参数，为芯片开具准确的 “诊断报告”。只有那些参数完全符合标准的芯片，才能顺利通过这个关卡，继续在电子世界中发挥自己的作用。

参数测试关是集成电路测试中不可或缺的一环。它就像一把精准的尺子，衡量着芯片的性能和质量。只有通过了这个关卡的芯片，才能在电子产品中稳定可靠地运行。

5.2.3 可靠性测试关

可靠性测试关在集成电路测试中扮演着至关重要的角色。

这一关卡就像是对集成电路芯片发起的一场艰苦卓绝的攻坚战。它的目的是检验芯片在各种极端条件下的稳定性和可靠性。

首先，高温测试是可靠性测试关的一大挑战。想象一下，把芯片置于如同炽热沙漠般的高温环境中，温度可能高达几十甚至上百摄氏度。在这样的酷热之下，芯片内部的电子元件面临着巨大的压力，就如同在烈日下进行马拉松比赛的运动员，稍有不慎就可能 “中暑” 崩溃。只有那些能够在高温下依然保持稳定性能的芯片，才能通过这一严峻考验。

接着是低温测试。芯片被放置在仿佛极地般的严寒环境里，温度骤降至零下几十摄氏度。此时，芯片就像是在冰天雪地中艰难前行的探险者，必须具备足够的抗寒能力，否则就会被冻僵而无法正常工作。只有那些能在低温下依然顽强运作的芯片，才有资格继续前进。

高湿度测试也不容小觑。芯片仿佛置身于潮湿的热带雨林中，周围弥漫着水汽。湿气可能会侵入芯片内部，腐蚀电子元件，就像霉菌侵蚀古老的城堡。只有那些能够抵御湿气侵蚀的芯片，才能在这一关中存活下来。

还有强振动测试。芯片如同经历着强烈地震的洗礼，剧烈的振动可能会使芯片内部的连接松动，甚至导致元件损坏。只有那些结构坚固、能够承受强振动的芯片，才能在这场风暴中屹立不倒。

在可靠性测试关中，每一个挑战都如同一场生死较量。测试人员就像是严格的裁判，用各种精密的仪器密切监测芯片的表现。他们不放过任何一个细微的变化，只为确保只有最可靠的芯片才能通过这一关，进入电子产品的应用领域。

5.2.4 自动测试设备关

自动测试设备关，就像是一个超级智能的大考场，一个个集成电路芯片如同参加考试的学生，在这里接受严格而高效的检验。

自动测试设备（ATE）就像是一位超级聪明的“机器人考官”。它拥有强大的功能和极高的效率，可以在极短的时间内对芯片进行全面而准确的测试。

ATE 配备了各种先进的传感器和测量仪器，能够精确地测量芯片的各种参数，从电压、电流到频率响应、相位延迟等，不放过任何一个微小的细节。

当芯片进入这个关卡时，ATE 会迅速地与芯片建立连接，并按照预设的测试程序开始对芯片进行测试。它会向芯片发送各种指令和信号，观察芯片的反应和输出结果，然后根据预设的标准进行判断。如果芯片的表现符合要求，ATE 会给出通过的信号；如果芯片存在问题，它会准确地指出问题所在，让工程师们能够快速地进行分析和修复。

在这个关卡中，速度和准确性是关键。ATE 能够以惊人的速度对大量的芯片进行测试，大大提高了测试效率，降低了测试成本。同时，它的准确性也非常高，能够确保只有真正合格的芯片才能通过测试。

测试人员在这里就像是考场的监考老师，他们会监控 ATE 的运行情况，确保测试过程的顺利进行。他们也会对测试结果进行审核和分析，为芯片的质量提供双重保障。

自动测试设备关是集成电路测试中不可或缺的一环。它就像一个高效的筛选器，为电子世界筛选出最优秀的芯片。

如果芯片在自动测试设备关中没通过怎么办？

如果芯片没通过自动测试设备关，就会被送去进一步分析和修复。工程师们会根据ATE指出的问题，找出原因，然后对芯片进行改进。之后芯片会再次进入自动测试设备关，直到通过测试为止。

5.3 集成电路封测行业对从业者的技术要求

在集成电路封测行业工作，需要有哪些特别的本事呀？

那可不少呢！首先得有一双“火眼金睛”。在封测过程中，要能敏锐地发现芯片上哪怕极其微小的瑕疵，就像孙悟空能看出妖怪的伪装一样。其次，得有一双超级灵巧的手，就像巧手的裁缝，能精准地操作各种设备，把芯片封装得严丝合缝。

那还需要掌握哪些知识呢？

得像个“小百科全书”。要了解电子电路的知识，知道芯片是怎么工作的，不同的封装方式有啥特点。还要明白半导体的那些小秘密，就像了解不同魔法材料的特性一样。

是不是还得很细心呀？

对呀！做集成电路封测就像在建造一座微型的魔法城堡，一点小马虎都可能让城堡崩塌。必须超级细心，不能放过任何一个小问题，确保每一个芯片都完美无缺。

还需要啥其他的能力不？

还得有学习的热情和能力。这个行业发展可快了，就像坐上了火箭，新的技术和设备不断涌现。得像个好奇的探险家，随时准备学习新东西，才能跟上行业的步伐。

5.3.1 入门必备技能：打开封测世界的第一把钥匙

（1）了解芯片封测概念和意义：揭开神秘面纱

想象一下，芯片就如同一个小巧而精密的“城市”，里面有着无数错综复杂的“街道”（电路）和“建筑”（晶体管等元件）。而芯片封测则像是为这个“城市”建造坚固的城墙和完善的交通枢纽。封装如同给芯片穿上一件合身的“外衣”，保护它免受外界的物理伤害、灰尘、湿气等干扰，同时提供与外部世界连接的“端口”。测试则像是对这座“城市”进行全面的“体检”，确保每一条“街道”都畅通无阻，每一个“建筑”都正常运转。

如果没有良好的封装，芯片就如同一个脆弱的“玻璃娃娃”，稍微受到一点外力冲击就可能破碎。而没有准确的测试，就像把一个有缺陷的“产品”推向市场，可能会导致整个电子设备出现故障，甚至引发严重的后果。例如，在智能手机中，如果芯片封测出现问题，可能会导致手机频繁死机、发热严重，影响用户的使用体验。在医疗设备中，芯片的封测质量更是直接关系到患者的生命安全。

（2）掌握基本流程：踏上封测之旅的路线图

晶圆就像是一个巨大的“蛋糕”，上面布满了一个个小小的“芯片”。晶圆切割就是用一把极其锋利的“刀”（切割设备），将这些“芯片”小心翼翼地从“蛋糕”上切下来。这个过程需要极高的精度和稳定性，就如同外科医生进行精细的手术一样，稍有不慎就可能损坏芯片。切割后的芯片边缘要整齐光滑，不能有任何裂纹或损伤，否则会影响后续的封装和测试。图 5-6 所示为晶圆切割示意图。

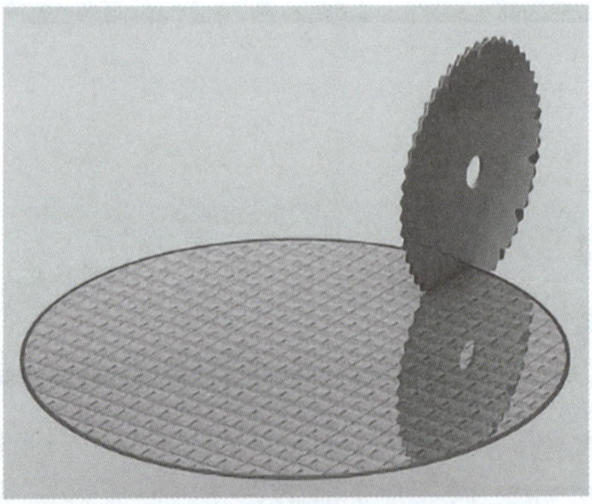

图 5-6　晶圆切割技术

芯片粘贴就像是在建造一座高楼大厦时，为每一块“砖头”（芯片）找到合适的位置，并将它们牢固地固定在“地基”（封装基板）上。这个过程需要使用特殊的胶水或黏合剂，确保芯片与封装基板之间的连接牢固可靠。想象一下，如果芯片粘贴不牢固，就像高楼大厦的砖头松动一样，随时可能导致整个结构的坍塌。在实际应用中，芯片粘贴不牢固可能会导致芯片在使用过程中出现接触不良、短路等问题。

引线键合就像是用一根根极细的“线”（引线）将芯片上的“小点”（电极）与封装基板上的“小点”（引脚）连接起来。这个过程需要使用高精度的键合设备，就如同一位技艺精湛的裁缝在进行精细的针线活。引线键合的质量直接影响着芯片的电气性能和可靠性。如果引线键合不良，就像衣服上的线缝不牢固一样，可能会导致芯片出现断路、短路等问题。

封装成型就像是为芯片打造一个坚固的“外壳”，保护它免受外界的各种干扰。这个过程就像制作一个精美的礼盒，需要使用合适的材料和模具，将芯片包裹在其中。封装成型后的外壳要具有良好的密封性、机械强度和散热性能，确保芯片能够在各种恶劣的环境下正常工作。例如，在汽车电子领域，芯片需要能够承受高温、高湿度、振动等恶劣条件，因此封装成型的质量至关重要。

测试筛选就像是对每一个经过封装的芯片进行一次严格的“考试”，只有通过考试的芯片才能进入市场。测试设备就像一位严厉的老师，对芯片的各项性能指标进行全面检测，包括功能测试、参数测试、可靠性测试等。测试筛选的过程要确保准确、高效，将不合格的芯片及时筛选出来，避免它们流入市场，影响整个产品的质量。

（3）常见封测设备和工具：认识得力的“助手”

① ATE（automatic test equipment）：智能的“考官”。

ATE 就像是一位智能的“考官”，它能够快速、准确地对芯片进行各种测试。它可以模拟不同的工作环境和输入信号，检测芯片的响应和输出，判断芯片是否符合设计要求。ATE 具有高度的自动化和智能化程度，可以大大提高测试效率和精度。想象一下，如果没有 ATE，测试人员就需要手动对每一个芯片进行测试，那将是一项极其烦琐和耗时的工作。

② 探针卡：灵敏的“触角”。

探针卡就像是芯片的灵敏“触角”，它可以与芯片上的电极接触，将测试信号传输到测试设备上。探针卡的探针非常细小，就像一根根头发丝一样，需要具有极高的精度和稳定性。探针卡的设计和制造需要考虑到芯片的尺寸、引脚排列等因素，确保能够准确地接触到芯片上的每一个电极。在测试过程中，探针卡的质量直接影响着测试结果的准确性和可靠性。图 5-7 所示为探针卡示例。

图 5-7　探针卡示例

③ 封装设备：高效的“生产线”。

封装设备就像是一条高效的“生产线”，它能够将晶圆切割、芯片粘贴、引线键合、封装成型等各个环节紧密地连接起来，实现自动化生产。封装设备的种类繁多，包括晶圆切割机、芯片粘贴机、引线键合机、封装成型机等。这些设备需要具有高精度、高速度和高可靠性的特点，以满足大规模生产的需求。想象一下，如果封装设备出现故障，就像生产线停工一样，会给企业带来巨大的损失。

④ 测试夹具：稳定的“桥梁”。

测试夹具就像是一座稳定的“桥梁”，它将芯片与测试设备连接起来，确保测试信号的传输稳定。测试夹具需要根据不同类型的芯片进行设计和制造，确保能够与芯片紧密贴合，提供良好的电气连接。测试夹具的质量直接影响着测试结果的准确性和可靠性。如果测试夹具设计不合理，可能会导致测试信号失真、接触不良等问题。图 5-8 所示为测试夹具示意图。

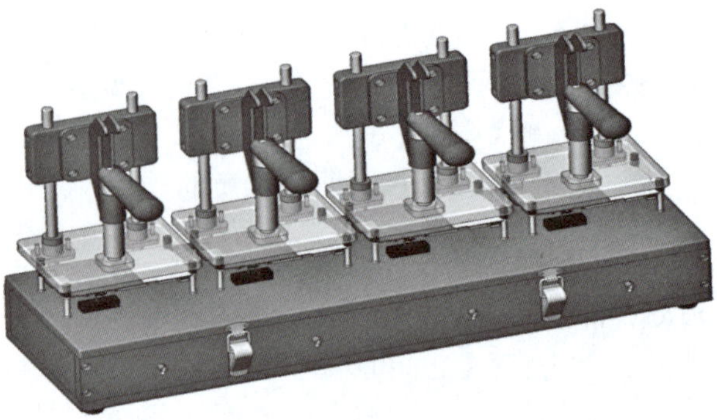

图 5-8　测试夹具示意图

5.3.2　进阶技能要求：迈向专业的阶梯

（1）封测技术分类：掌握不同领域的“独门绝技”

① 功率封测：强大的“动力源”。

功率封测就像是为电子设备提供强大“动力源”的技术。功率半导体器件通常需要承受高电压、大电流和高温等恶劣环境，因此对封装和测试技术要求极高。功率封测从业者需要掌握功率半导体器件的特性和工作原理，了解不同封装形式的优缺点，能够根据客户需求选择合适的封装方案。例如，在电动汽车领域，功率模块的封装需要具备高可靠性、高散热性能和低电感等特点，以满足电动汽车对动力系统的严格要求。

想象一下，功率半导体器件就像一辆汽车的发动机，需要有坚固的外壳和高效的散热系统来保证其正常运行。

② 温度封测：敏感的“温度计”。

温度封测就像是为芯片安装一个敏感的“温度计”，确保芯片在合适的温度范围内工作。温度敏感芯片通常需要在特定的温度范围内才能正常发挥性能，因此对封装和测试技术要求较高。温度封测从业者需要掌握温度敏感芯片的特性和工作原理，了解不同封装材料的热性能，能够根据客户需求选择合适的封装方案。例如，在航空航天领域，芯片需要能够在极端的温度环境下工作，因此温度封测技术至关重要。

> 随着集成电路技术的不断发展，芯片的集成度越来越高，功耗也随之增大，温度对芯片性能和可靠性的影响愈发显著。因此，温度封测成为了集成电路封测行业中至关重要的一环。

③ 信号完整性封测：精准的“信号卫士”。

信号完整性封测就像是为高速数字芯片提供精准“信号卫士”的技术。高速数字芯片通常需要传输高速数字信号，因此对封装和测试技术要求极高。信号完整性封测从业者需要掌握高速数字芯片的特性和工作原理，了解不同封装材料的电气性能，能够根据客户需求选择合适的封装方案。例如，在 5G 通信领域，芯片需要能够高速传输大容量的数据，因此信号完整性封测技术是保证通信质量的关键。

> 随着电子技术的飞速发展，集成电路的工作频率不断提高，信号传输速度越来越快，信号完整性问题也日益凸显。信号完整性封测的重要性不言而喻，它确保了芯片在复杂的电子系统中能够高效、准确地进行数据传输，为现代电子设备的高性能运行提供了坚实保障。

（2）解决封测过程中的常见问题：成为“问题解决专家”

① 封装故障：修复“铠甲”的裂痕。

封装故障就像是芯片“铠甲”上出现的裂痕，会影响芯片的性能和可靠性。封装故障可能包括封装外壳开裂、引线断裂、芯片粘贴不牢固等问题。解决封装故障需要从业者具备扎实的封装工艺和设备原理知识，能够像医生诊断病情一样，准确分析故障原因，并采取有效的解决措施。例如，如果封装外壳开裂，可能是封装材料选择不当、成型工艺参数设置不合理等原因导致的。从业者需要根据具体情况，调整封装材料或优化成型工艺参数，以修复故障。

② 测试失败：找出“隐藏的敌人”。

测试失败就像是在对芯片的“体检”中发现了问题，需要找出“隐藏的敌人”并解决它。测试失败可能包括芯片功能异常、参数不符合要求等问题。解决测试失败需要从业者具备深入的芯片功能和性能指标知识，能够像侦探破案一样，分析测试结果，找出问题所在，并采取有效的解决措施。例如，如果芯片功能异常，可能是设计缺陷、制造工艺问题或测试设备故障等原因导致的。从业者需要根据具体情况，进行设计优化、工艺改进或设备维修，以解决测试失败问题。

（3）了解封测技术发展趋势：紧跟时代的“潮流先锋”

① 先进封装技术：引领未来的“创新引擎”。

先进封装技术就像是集成电路封测行业的“创新引擎”，引领着未来的发展方向。先进封装技术包括 3D 封装、系统级封装（SiP）、晶圆级封装（WLP）等。这些技术可以提高芯片的集成度、性能和可靠性，降低成本和尺寸。想象一下，先进封装技术就像将多个芯片堆叠在一起，形成一个功能强大的“超级芯片”。从业者需要了解先进封装技术的原理和应用，掌握相关的设计、制造和测试技术，为未来的发展做好准备。例如，在人工智能、大数据和物联网等领域，先进封装技术将发挥重要作用，为这些领域的发展提供强大的支持。

② 自动化测试技术：高效的“智能助手”。

自动化测试技术就像是集成电路封测行业的“智能助手”，可以提高测试效率和精度，降低测试成本和人力需求。自动化测试技术包括自动测试设备（ATE）、自动测试程序生成（ATPG）、自动测试结果分析（ATRA）等。这些技术可以实现测试过程的自动化和智能化，大大提高测试效率和精度。从业者需要了解自动化测试技术的发展趋势，掌握相关的设备和软件使用方法，为提高测试效率和质量做出贡献。例如，在大规模集成电路生产中，自动化测试技术可以实现快速、准确测试，提高生产效率和产品质量。

③ 智能化封测技术：智慧的“未来之路”。

智能化封测技术就像是集成电路封测行业的“未来之路”，将为行业带来全新的发展机遇。智能化封测技术包括智能封装设备、智能测试系统、智能质量管理等。这些技术可以实现封测过程的智能化和自动化，提高生产效率和质量，降低成本和风险。想象一下，智能封装设备可以根据芯片的特性和需求自动调整封装工艺参数，智能测试系统可以自动分析测试结果并给出优化建议，智能质量管理可以实时监控生产过程并及时发现问题。从业者需要关注智能化封测技术的发展动态，学习相关的知识和技能，为行业的智能化发展贡献自己的力量。

智能化封测技术的优点：

① 提高封测质量：智能检测与分析技术能够及时发现封测过程中的问题，确保芯片的性能和质量。同时，自适应调整功能可以根据不同芯片的需求进行优化，提高封测的一致性和可靠性。

② 提升生产效率：高度自动化的封测流程大大减少了人工操作的时间和成本，提高了生产效率。而且，远程监控与管理功能可以实现对多台设备的同时管理，进一步提高生产效率。

③ 降低成本：智能化封测技术可以减少因人工操作失误带来的损失，降低废品率。同时，通过优化封测工艺参数，提高设备的利用率，降低生产成本。

④ 增强企业竞争力：采用智能化封测技术可以提高企业的生产效率和产品质量，满足市场对高性能芯片的需求，增强企业在市场中的竞争力。

5.3.3 职业素养与考核：塑造优秀的封测人才

集成电路工程技术人员的职业道德：坚守原则的“职业灯塔”。

① 诚实守信：照亮职业之路的“明灯”。

诚实守信是集成电路工程技术人员的基本职业道德要求，就像一盏照亮职业之路的“明灯”。在工作中，从业者要遵守法律法规和行业规范，不得泄露客户的商业秘密和技术机密，不得做出不正当竞争行为。诚实守信是建立良好职业声誉的基础，只有诚实守信的从业者才能赢得客户的信任和尊重。例如，如果从业者泄露了客户的技术机密，可能会给客户带来巨大的损失，同时也会损害自己的职业声誉。

诚实守信的重要性体现在哪里呀？

首先，这个行业涉及高度复杂的技术和精密的工艺。从芯片的设计到封装测试，每一个环节都需要严格的质量把控和精准的操作。如果从业者缺乏诚实守信的品质，可能会在工作中偷工减料、虚报数据或者隐瞒问题，这将直接影响到芯片的质量和性能。而高质量的芯片对于现代科技的各个领域，如通信、医疗、航空航天等，都至关重要。一旦出现质量问题，可能会带来严重的后果，甚至危及人们的生命安全和国家的战略安全。

其次，诚实守信有助于建立良好的职业声誉。在这个竞争激烈的行业中，良好的声誉是从业者的宝贵财富，这种信任会为其带来更多的职业机会和发展空间。相反，如果一个人失去了诚实守信的品质，他的声誉将会受损，很难在行业中立足。

② 团队合作：凝聚力量的“黏合剂”。

团队合作是集成电路工程技术人员的必备职业道德要求，就像凝聚力量的“黏合剂”。在工作中，从业者要与同事密切配合，相互支持，共同完成工作任务。团队合作可以发挥每个人的优势，提高工作效率和质量。例如，在一个集成电路封测项目中，需要设计、工艺、测试等多个岗位的人员共同协作，才能完成项目的开发和生产。

集成电路封测是一个高度复杂的过程，涉及晶圆切割、芯片粘贴、引线键合、封装成型、测试筛选等多个环节。每个环节都需要专业的技术和精细的操作，而且各个环节之间紧密相连，任何一个环节出现问题都可能影响整个封测流程的质量和效率。

例如，在晶圆切割环节，需要高精度的切割设备和专业的操作人员，确保芯片边缘整齐，不会对芯片造成损伤。而在芯片粘贴环节，又需要精确的粘贴设备和技术，保证芯片与封装基板之间的连接牢固。这些不同环节的工作需要不同专业的人员协同合作，才能确保整个封测过程的顺利进行。

③ 创新进取：开拓未来的 “动力源”。

创新进取是集成电路工程技术人员的高级职业道德要求，就像开拓未来的 “动力源”。在工作中，从业者要不断学习新知识、新技术，勇于创新，敢于挑战，为推动集成电路封测行业的发展做出贡献。创新进取的精神可以推动行业的技术进步和发展，为企业带来竞争优势。例如，从业者可以通过研发新的封装技术、测试方法或质量管理模式，为企业创造更大的价值。

5.4 集成电路封测行业需要具备的专业知识

集成电路封测行业作为现代电子信息技术的关键环节，对从业者的专业知识要求极高。从芯片的封装到测试，每一个步骤都需要精准的技术和深入的专业理解。本节将详细阐述集成电路封测从业者需要掌握的专业知识，为有志于投身该行业的同学们提供全面的参考。

在封测行业中，如何不断地提高专业知识能力呀？

首先，可以通过参加行业培训课程、研讨会和学术会议等活动，了解最新的技术动态和发展趋势。这些活动通常会邀请行业专家和学者分享他们的研究成果和实践经验，为从业者提供学习和交流的机会。

其次，阅读专业书籍、期刊和技术报告也是一种有效的学习方式。这些资料涵盖了集成电路封测的各个方面，可以帮助从业者系统地学习和掌握专业知识。

此外，参与实际项目也是提升专业知识的重要途径。在项目中，从业者可以将理论知识与实践相结合，积累经验，提高解决问题的能力。还可以与同事和同行进行交流和合作，分享经验和知识，共同进步。

最后，关注行业标准和规范的更新也是非常重要的。随着技术的不断发展，行业标准和规范也会不断修订和完善。及时了解这些变化，并将其应用到实际工作中，可以确保封测过程符合最新的要求，提高产品质量和竞争力。

参考文献

[1] GB/T 44791—2024. 集成电路三维封装 带凸点圆片减薄工艺过程和评价要求 [S].

[2] 陈祎，岳琨，吕复强，等 . 集成电路异构集成封装技术进展 [J]. 电子与封装，2024，24（09）：51-62.DOI：10.16257/j.cnki.1681-1070.2024.0125.

[3] 张凤 . 微电子封装产业的发展现状以及趋势分析 [J]. 集成电路应用，2024，41（05）：46-47.DOI：10.19339/j.issn.1674-2583.2024.05.019.

[4] GB/T 43796—2024. 集成电路封装设备远程运维 数据采集 [S].

[5] 陈智睿 . 毫米波低损耗高密度三维异构集成封装研究 [D]. 广州：华南理工大学，2023.DOI：10.27151/d.cnki.ghnlu.2023.004900.

[6] 孙国辉 . 集成电路封装领域知识产权情况 [J]. 中国集成电路，2022，31（11）：12-16，91.

[7] 张鎏，苑明星，杨小渝 . 半导体封装工艺的研究分析 [J]. 现代工业经济和信息化，2022，12（06）：81-84.DOI：10.16525/j.cnki.14-1362/n.2022.06.030.

[8] 员展飞 . 基于面板级封装技术的功率器件集成封装工艺研究 [D]. 桂林：桂林电子科技大学，2022.DOI：10.27049/d.cnki.ggldc.2022.000053.

[9] 杨士勇 . 高密度集成电路有机封装材料 [M]. 北京：电子工业出版社，2021.

[10] 刘俊，段方，张子杨 . 半导体集成电路先进封装技术专利战略研究 [J]. 中国集成电路，2021，30

（11）：82-89.
[11] 王奇．打造全球集成电路封装材料领域“领先者”[N]. 淄博日报，2021-10-30（003）.DOI：10.38290/n.cnki.nzbrb.2021.002814.
[12] 闵球．三维封装集成电路中的电热特性分析研究[D]. 杭州：浙江大学，2021.DOI：10.27461/d.cnki.gzjdx.2021.001655.
[13] 梁新夫．集成电路系统级封装[M]. 北京：电子工业出版社，2021.
[14] 陆燕菲．集成电路封装技术现状分析与研究[J]. 电子技术，2020，49（08）：8-9.
[15] 尹航，宋璇，赵梦晗．集成电路测试行业现状分析及建议[J]. 中国标准化，2024（13）：251-254.
[16] 陈光胜．集成电路测试数据分析系统的设计与实现[J]. 集成电路应用，2024，41（02）：52-56.DOI：10.19339/j.issn.1674-2583.2024.02.018.
[17] 张冰，蒲波．集成电路装备验证线标准化现状及工作建议[J]. 信息技术与标准化，2023（09）：37-40.
[18] 孔宪伟，李秦华．集成电路测试与标准化领域研究综述[J]. 信息技术与标准化，2023（07）：39-43.
[19] 程任翔．集成电路封装测试课程的教学设计[J]. 集成电路应用，2023，40（05）：122-123.DOI：10.19339/j.issn.1674-2583.2023.05.050.
[20] 王峻峰．顺势而为打一场集成电路产业的翻身仗[N]. 江苏经济报，2023-03-17（A01）.DOI：10.28469/n.cnki.njsjj.2023.000457.
[21] 孙新乐，李欣萌，王振宇，等．集成电路测试标准数字化进程——以硅片测试标准为例[J]. 信息技术与标准化，2022（10）：84-87.
[22] 孙欣．突破集成电路测试设备关键技术[N]. 青岛日报，2022-05-03（001）.DOI：10.28617/n.cnki.nqdrb.2022.001703.
[23] 尹茗，杨梦竹．我国主要城市集成电路产业政策及发展建议[J]. 通信世界，2022（04）：31-34.DOI：10.13571/j.cnki.cww.2022.04.013.
[24] 徐平江，邵瑾，付英春．中国集成电路标准现状分析[J]. 中国标准化，2021（02）：53-60.
[25] 叶敏军．数字集成电路测试技术应用[J]. 电子技术与软件工程，2021（01）：93-94.
[26] 陈昆，刘丹．集成电路测试技术研究[J]. 电子元器件与信息技术，2020，4（08）：12-14.DOI：10.19772/j.cnki.2096-4455.2020.8.006.
[27] 王柱．数字集成电路测试技术应用分析[J]. 科技创新与应用，2020（12）：148-149.

习　题

一、选择题

1. 集成电路封装的主要作用不包括以下哪一项？（　　）

A. 保护芯片　　B. 便于芯片散热

C. 提高芯片运算速度　　D. 实现芯片电气连接

2. 以下哪种是常见的集成电路封装形式？（　　）

A. BGA（ball grid array）　　B. FTP（file transfer protocol）

C. HTML（hypertext markup language）　　D. SQL（structured query language）

3. 在集成电路封装过程中，哪种工艺用于将芯片固定在封装基板上？（　　）

A. 焊接　　B. 粘接　　C. 铆接　　D. 螺栓连接

4. 下列关于塑封工艺的说法，正确的是？（　　）

A. 塑封只起到美观作用

B. 塑封材料通常是金属

C. 塑封可以防止芯片受到外界环境的污染和物理损伤

D. 塑封工艺不需要加热

5. 集成电路的功能测试主要是检测什么？（　　）

A. 芯片的外观

B. 芯片内部线路的物理结构

C. 芯片是否能按照设计要求正常工作

D. 芯片的封装材料强度

6. 在线测试（ICT）主要是基于什么原理对集成电路进行测试？（　　）

A. 光学原理

B. 电磁感应原理

C. 对芯片内部信号的实时监测

D. 通过测试探针接触芯片引脚，检测电气连接和功能

7. 在集成电路封装测试中，用来切割晶圆的设备是？（　　）

A. 光刻机　　B. 划片机　　C. 电镀机　　D. 烧结炉

8. 以下哪种测试技术可以检测到芯片内部的微小缺陷？（　　）

A. 老化测试　　B. X 射线检测　　C. 常温常压测试　　D. 人工目检

9. 随着集成电路向小型化发展，以下哪种封装技术更具优势？（　　）

A. DIP（dual in-line package）　　B. SOP（small outline package）

C. WLP（wafer level package）　　D. QFP（quad flat package）

10. 集成电路封装测试企业通常位于集成电路产业链的哪个环节？（　　）

A. 设计环节之后，制造环节之前

B. 制造环节之后，应用环节之前

C. 与设计环节并行

D. 与应用环节并行

二、填空题

1. 集成电路封装的主要功能包括保护芯片、实现芯片的______连接和便于芯片散热。

2. 在封装过程中，将芯片固定在封装基板上的方法通常有粘贴和______。

3. 常见的集成电路封装形式有 DIP（双列直插封装）、QFP（______封装）。

4. 晶圆级封装（WLP）是在______上直接进行封装的技术。

5. 封装测试中的______测试是在晶圆制造完成后、切割成单个芯片之前进行的测试。

6. 在芯片封装时，______键合是一种通过金属丝连接芯片和封装基板的技术。

7. 集成电路封装中的塑封工艺使用的主要材料是______。

8. 为了提高芯片的散热效率，在一些高端封装中会使用______材料作为散热介质。

9. 测试集成电路功能的主要方法是向芯片输入测试信号，然后检查其________信号是否

正确。

10. 老化测试是为了检验芯片在长时间______下的可靠性。

11. BGA 封装（球栅阵列封装）的引脚是以______的形式存在于封装底部。

12. 在封装基板的制作中，常用的材料有有机材料、陶瓷和______。

13. 集成电路封装测试中的______测试可以检测芯片的电气参数，如电压、电流等。

14. 3D 封装技术能够在______方向上集成多个芯片，提高芯片的集成度。

15. 在芯片封装过程中，划片机的作用是将______切割成单个芯片。

16. 对于一些对电磁干扰敏感的芯片，在封装时会采取______措施。

17. 封装后的集成电路进行外观检查时，主要检查引脚是否有变形、缺损和______。

18. 在先进封装技术中，______技术可以实现芯片与芯片之间的高速通信。

19. 集成电路封装测试企业需要保证产品符合相关的______标准，如 JEDEC 标准。

20. 在芯片封装中，______封装形式适合于对小型化和高性能有严格要求的应用场景。

三、简答题

1. 集成电路封装中，塑封材料的主要作用是什么？
2. 简单介绍一种先进封装技术（如 3D 封装）的优势。
3. 什么是集成电路的功能测试？如何进行？
4. 列举两种常见的集成电路封装形式并简述其特点。
5. 环境因素对集成电路封装测试有哪些影响？
6. 老化测试通常在什么环境条件下进行？
7. 塑封工艺使用的主要材料是什么？

第6章

集成电路装备方向

6.1 集成电路装备方向的主要技术

集成电路装备方向指的是生产和制造集成电路领域的设备，用于集成电路制造、封装和测试等。按照其用途分类，如图 6-1 所示，可分为制程设备技术类、封装设备技术类和测试设备技术类等。

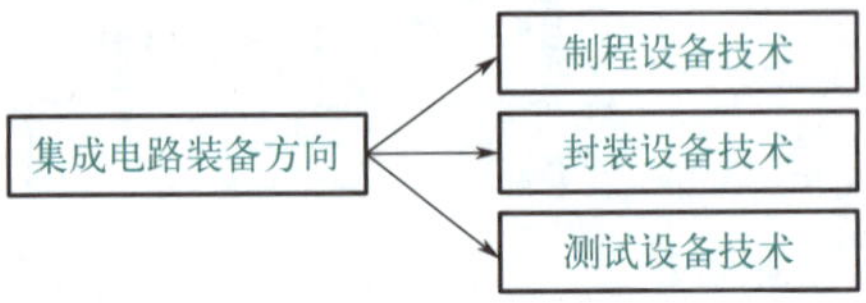

图 6-1　集成电路装备方向主要内容

小芯老师，您能介绍一下集成电路装备方向吗？

嘿，你知道吗？集成电路装备方向呀，那可是个很厉害的领域呢！

它指的是和制造、生产集成电路(IC)有关的设备、技术以及工具等方面的发展方向哦。

它就像是一个神奇的魔法盒子，专注于给集成电路行业提供高效、精确又可靠的制造设备和解决方案，帮助集成电路实现高度集成，变得超级微小，还能拥有高性能呢！

有哪些设备呢？

首先是光刻机，它可是半导体制造过程中的大功臣呢！

在制造过程的各个步骤，像光刻、刻蚀、沉积等，都有它的身影。它的目标就是要实现高精度、高效率的加工，这样才能满足不断提高的集成度和性能要求哦，就像一个精益求精的工匠，不断打磨着自己的作品。

这么厉害！还有哪些装备呢？

还有封装设备哦，它是用来把芯片封装成最终器件的，里面有球焊接机、贴片机、封装机等。

这些设备可都不简单呢，它们需要具备高度自动化、高精度和高可靠性的特点，只有这样才能满足集成电路封装的严格要求，就像是一群训练有素的士兵，有条不紊地执行着自己的任务。

测试设备呢？

它的作用是检验和验证芯片的功能、性能和质量哦。它包括芯片测试设备和封装后的器件测试设备呢，能够对芯片进行全面的电气特性测试和功能验证，就像是一个严格的检察官，不放过任何一个小瑕疵。

6.1.1 制程设备技术

嘿，你知道吗？在神奇的集成电路装备世界里，有一个非常重要的部分，那就是制程设备技术哦！它就像是集成电路装备世界的中流砥柱一样呢。

制程设备技术是什么呢？

制程设备技术主要负责的是半导体制造过程中一个又一个关键步骤所用到的设备以及相关技术哦。想象一下，半导体的制造就像是一场精心编排的盛大演出，而制程设备技术就是这场演出中各个精彩环节的核心支撑。

它有什么作用呢？

它贯穿了从原材料到最终芯片成型的整个过程，每一个步骤都离不开它的助力。

无论是那些需要高精度操作的光刻环节，就像一位艺术大师在精心雕琢每一个细节；还是刻蚀过程中对材料的精准“雕刻”，如同一位巧匠在塑造一件精美的艺术品；又或是沉积过程中层层叠加的精细操作，仿佛是在为芯片构建一个坚固而又精巧的“城堡”。

这些都离不开制程设备技术的保驾护航哦。

接下来，我们就一起更深入地去了解一下制程设备技术在集成电路装备方向中的那些关键要点吧。图 6-2 所示为制程设备的主要类别。

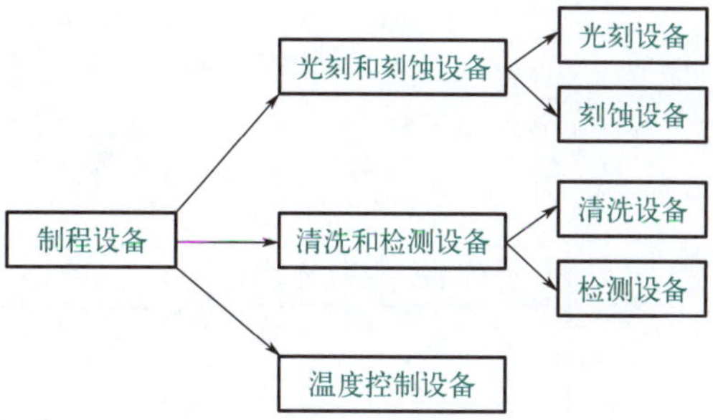

图 6-2　制程设备主要分类

首先说说光刻和刻蚀设备。光刻设备就像是一位神奇的画家，专门负责芯片的图案转移和图案定义。它会使用掩模和光敏剂，就像拿着神奇的画笔和颜料，把光投影到光刻胶上。接着经过显影等步骤，芯片上就出现了精美的图案。光刻设备必须要有高分辨率、高稳定性和高精度这些超棒的特点，这样才能制作出那些微细的图案。

刻蚀设备的发展和光刻技术、互连技术等都密切相关。随着芯片制程越来越小，对刻蚀设备的工艺结果均一性也提出了更高的要求。

在半导体制造中，光刻设备尤其是光刻机，十分重要。光刻技术就如同一个神奇无比的魔法，能够把掩模版上那些精美的图形，巧妙地转移到涂着光致抗蚀剂（也就是光刻胶啦）的硅片上。光刻机的表现直接决定了芯片的质量。光刻机的种类很多，包括接触式光刻机、接近式光刻机、步进式光刻机、扫描式光刻机，以及浸没式光刻机等。随着技术的不断发展，光刻机的曝光精度越来越高，从微米级别到纳米级别，不断满足超先进制程芯片的生产需求。

当光刻步骤完成之后，接下来就得靠刻蚀工艺。这一工艺要把那些没有被光刻胶保护的硅片表面薄膜部分给去除掉。从而在硅片上形成和掩模版上图形一模一样的电路结构。刻蚀设备的发展和光刻技术、互连技术的发展等密切相关，随着芯片制程变得越来越小，对刻蚀设备的工艺结果均一性也提出了更高的要求。

刻蚀机有如等离子体刻蚀机和反应离子刻蚀设备等种类。等离子体刻蚀机利用等离子体来去除材料，通过产生高能离子轰击硅片表面的薄膜材料，能够精准地按照设计要求把不需要的部分刻蚀掉。反应离子刻蚀设备（RIE）把化学反应和物理轰击结合了起来。在刻蚀过程中，它一边让反应气体和被刻蚀材料发生化学反应，一边利用离子轰击的力量，在加快刻蚀速度的同时，还能实现很高的刻蚀精度。

图 6-3 所示为光刻和刻蚀设备主要类别。

然后，清洗和检测设备对于集成电路也至关重要。

清洗设备就像是芯片的小卫士，专门负责清洁芯片的表面，去除残留的污染物和杂质，保证芯片的质量。清洗设备需要具有高效的清洗性能，良好的界面兼容性以及低损伤性。同时，还需要对环境友好，不能产生二次污染。比如说单片式清洗设备，它可以对单个晶圆进行独立清洗。就像给每个晶圆都安排了一个专属的清洁小房间，能精准地控制清洗参数，同时避免交叉污染。它利用清洗液与晶圆表面发生化学反应，再加上物理冲刷的作用，把污染物都给去除掉。

图 6-4 所示是清洗设备的分类。

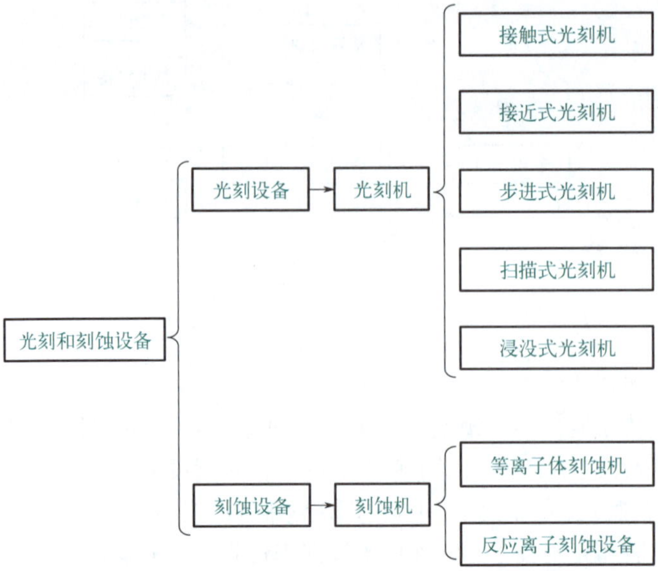

图 6-3　光刻和刻蚀设备主要类别

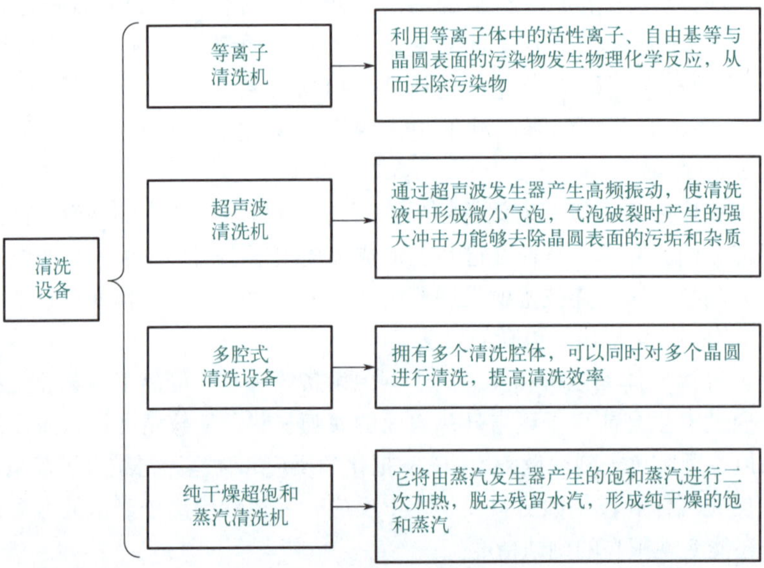

图 6-4　清洗设备主要类别

检测设备在集成电路的制程中也相当关键，其专门对制程中的关键参数进行实时监测和检测，包括表面缺陷检测、特性测试，以及薄膜测量等。检测设备需要具备高灵敏度、高准确性、高速度等特性。检测设备有集成电路测试仪、晶圆检测设备、芯片封装检测设备、自动测试设备（ATE）、原子力显微镜（AFM）等。图 6-5 为集成电路检测设备分类。

还有一个重要的设备——温度控制设备。温度控制设备的任务就是满足不同步骤和各种材料的温度需求，就好像给不同的步骤和材料量身定制最舒服的温度环境，从而大大提高产品的稳定性和一致性，让产品变得更加可靠和优秀。

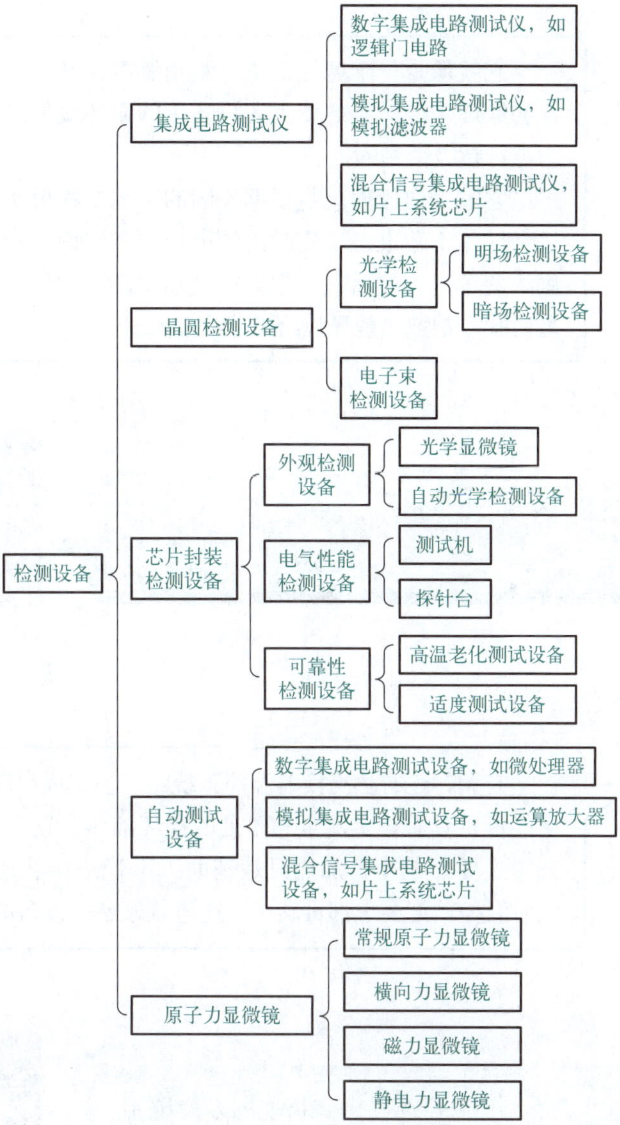

图 6-5　集成电路检测设备分类

温度控制设备包括半导体专用温控装置、热交换器温控系统、高精度温度控制系统等。

嘿，你知道吗？在半导体制造里有个超厉害的设备，叫半导体专用温控装置，也叫chiller呢。

那是啥玩意儿？

它就像是一个魔法盒子。利用制冷循环和工艺冷却水热交换的原理，能对半导体工艺设备用的循环液的温度、流量和压力进行超级精密的控制。

它的工作原理就是根据不同的工艺制程要求，使循环液流过半导体工艺设备反应腔内的电极或者壁面，把热量带到这个魔法盒子里。然后呢，它再通过热交换器把热量传给制冷剂，最后制冷剂把热量释放给工艺冷却水。

听起来好厉害。那还有别的温控设备吗？

有啊，还有热交换器温控系统呢。在集成电路制造工艺中，它能提供具有稳定流量和温度的循环液体。这个系统在实际工艺中主要靠制冷，加热只是辅助。不管是空载还是负载状态，它对温控精度要求都可高了，还得兼顾整个设备的能耗效率。

哇，真不简单。那有没有特别高精度的温度控制系统呀？

当然有啦，像荷兰的Smartec SMT172就是一款超厉害的高精度温度控制系统。它就像是一个小精灵，是超低功耗、高精度的数字输出温度传感器。它采用了最新的设计原理，经过高精度的单温度点校准，在-10～100℃这个范围内精度能达到±0.25℃呢。

温度控制设备分为以下几类，如图 6-6 所示。

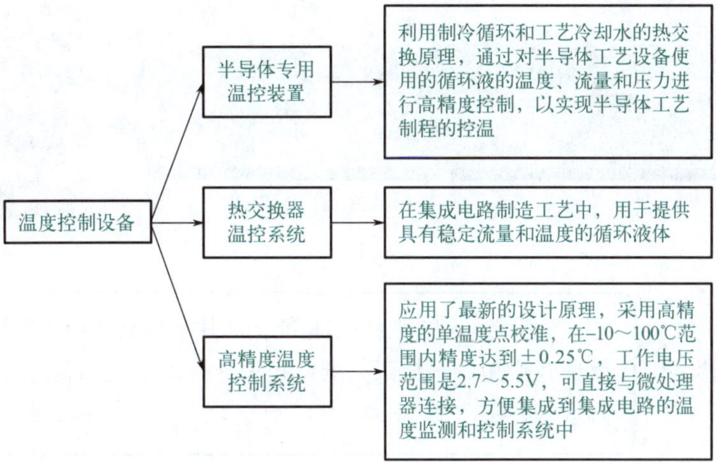

图 6-6　温度控制设备分类

6.1.2　封装设备技术

图 6-7 所示为集成电路封装设备示意图。在集成电路制造的奇妙旅程中，封装就像是给芯片穿上一件坚固又合身的“外衣”，把芯片连接到封装基板上，同时还好好地保护着它，并且让它能和外界顺利连接。封装设备需要做到精度超高、速度超快、特别可靠，才能满足各种不同的封装要求。

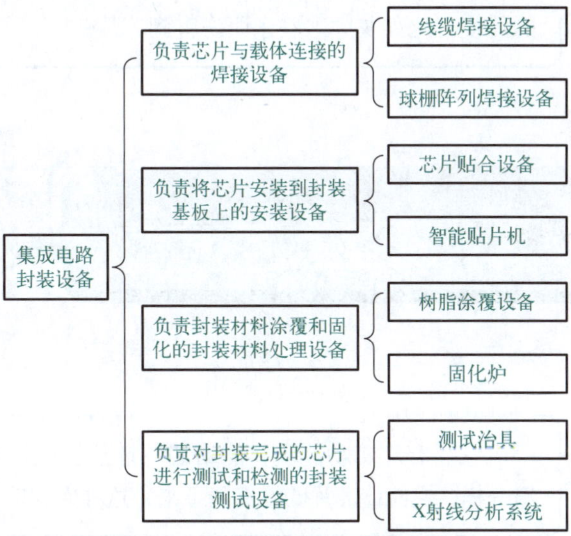

图 6-7　集成电路封装设备

你知道有一种很厉害的设备叫封装设备吗？它有好多重要的功能哦。

不知道呢，那它有什么功能呢？

它有连接功能哦，就是能把芯片和封装基板紧紧连在一起，就像我们用胶水把两张纸粘起来一样，不过它是通过焊接、贴合这些办法。

哇，真厉害！那还有啥功能呀？

还有保护功能呢，它会像小卫士一样保护芯片，不让外面的环境，比如灰尘这些东西伤害到芯片。

哦，那然后呢？

它还有冷却功能哦，能给芯片散热，就像我们热了要吹风扇一样，它能让芯片的温度降下来，这样它就能好好工作啦。

哈哈，好有趣。那还有吗？

还有电气功能哦，它能让芯片有很好的电气性能，比如说电阻要低，不能有很大的噪声这些特点。

嗯……有点不太懂呢。

没关系，简单说就是能让芯片更好地通电工作，不会有乱七八糟的声音干扰它。最后呀，它还有测试功能，能看看封装好的芯片是不是可靠，性能好不好。

哇，这个封装设备好棒呀！

集成电路封装设备涉及一系列关键技术。首先是高精度定位技术，就好像是一个超级精准的导航仪。其次是高精度定位能力，这样才能保证在焊接或者贴合的时候，每一个动作都准确无误。还有工艺优化与自动化技术，其让封装设备变得更加高效和稳定：如自动控制系统，就像有个小管家在指挥设备干活；智能感知设备，就像设备有了眼睛和耳朵，能感知周围的情况；自适应调节技术，设备可以自己快速换型，还能智能分配任务，自动调整参数。

嘿，小菜，你知道集成电路封装设备现在有哪些新的发展趋势吗？

不太清楚呢，老高，你快给我讲讲吧。

好嘞！首先呀，有个多芯片封装技术。你看现在科技越来越厉害，集成度一直在提高，所以多芯片封装技术会慢慢发展成多芯片模块化封装和3D堆叠封装技术，这样就能让集成电路的集成度更高，性能也更好了，就像把好多小积木搭成一个更厉害的大城堡一样。

哇，真有意思！那还有什么趋势？

还有紧凑型封装哦。你想想，现在的电子产品都越来越小，那对能把东西装得更紧凑的封装设备需求就增加了。

比如说微型封装设备，它能把零件装得小小的；还有超薄封装技术，能让产品变得更薄；还有柔性基板，就像一块软软的布但又很厉害，能装芯片，这些都越来越普及啦。

哦，我明白了，这样电子产品就能做得更小更方便携带了。那还有其他的趋势吗？

当然有啦！绿色环保封装也是个很重要的新趋势哦。在封装设备设计和制造的时候，越来越注意环保了。

比如说会选择那种低VOC(挥发性有机化合物)的封装材料，你可以把它想象成一种不会散发难闻气味的好材料，还有无铅封装工艺，这样对环境就更友好啦。

这个好，环保很重要呢。那最后一个趋势是什么呀？

最后呀，随着人工智能和物联网技术的发展，封装设备也变得更聪明、更自动化了。就像它会引入大数据分析和预测性维护技术，这就好比给设备装了一双聪明的眼睛，能监测设备的状态，要是有故障还能诊断出来，还能优化维护，是不是很厉害？

哇，真的好厉害呀！感觉科技发展太神奇了。

6.1.3 测试设备技术

当芯片完成封装后，测试设备就会登场，其对芯片进行一系列严格的测试和检测，确保芯片的质量和性能都能符合要求。

测试设备主要分为参数测试设备和功能测试设备两类，如图 6-8 所示。

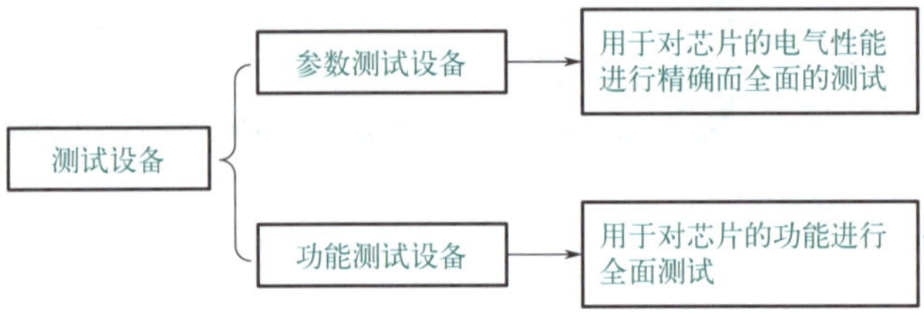

图 6-8　测试设备示意图

参数测试设备，就像是芯片的“体检医生”，能精确又全面地测试芯片的电气性能！可以测量芯片的电压、电流、频率、功率等电学特性。

这个“体检医生”得具备高精度、高灵敏度和高速度的超能力，这样才能满足芯片测试的需求。它能帮我们找出芯片制造过程中的不良品，还能对芯片的性能进行验证和调整。

功能测试设备，就像是芯片的“实战教练”。它会对芯片的功能进行全面测试，能够模拟芯片在实际应用中的工作环境，看看芯片的各项功能是不是正常运行。

这个“实战教练”要有多种测试模式和测试算法，就像有很多绝招一样，能够模拟各种工作条件和输入信号，把芯片的全部功能都覆盖到。

图 6-9 所示为测试设备的主要功能。

图 6-10 所示为测试设备技术发展的几个关键技术和创新方向，主要包括：①高速度测试技术；②多功能测试技术；③低功耗测试技术；④智能化测试技术；⑤可靠性和稳定性。

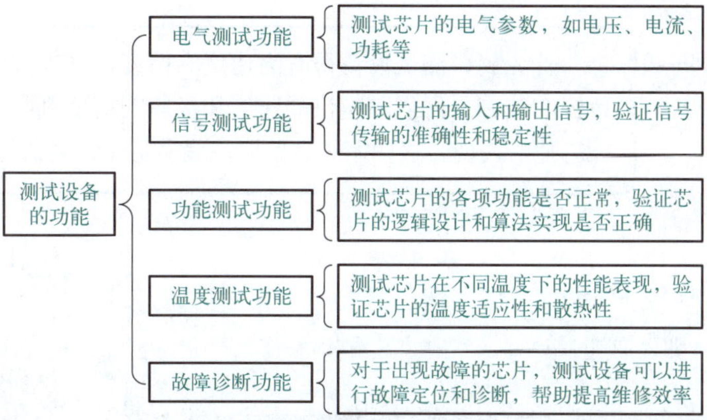

图 6-9　测试设备的功能

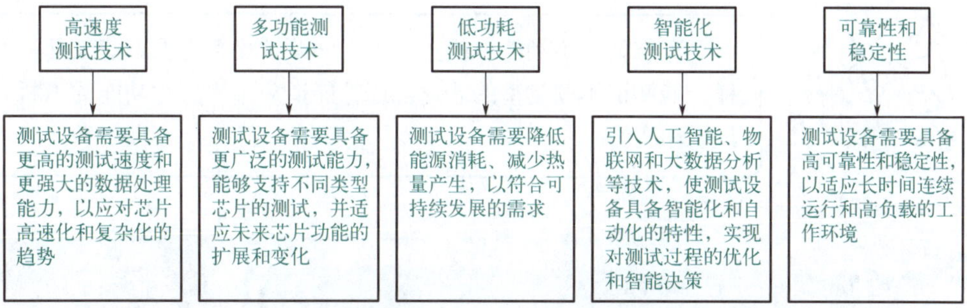

图 6-10　测试设备技术发展的关键技术和创新方向

测试设备的发展趋势主要包括以下几个方面：高速度高精度，测试设备需要具备更高的测试速度和精度，以满足对高速、高性能芯片的测试需求。多功能多模式，测试设备需要具备更广泛的测试能力，能够支持不同类型芯片的测试，并适应未来芯片功能的扩展和变化。低功耗节能，测试设备需要降低能源消耗、减少热量产生，以符合可持续发展的需求。智能化自动化，引入人工智能、物联网和大数据分析等技术，使测试设备具备智能化和自动化的特性，实现对测试过程的优化和智能决策。可靠性和稳定性，测试设备需要具备高可靠性和稳定性，以适应长时间连续运行和高负载的工作环境。

蛋仔，你知道吗？现在的测试设备发展可有不少新趋势呢！

哦？快说说。

首先啊，测试设备得有高速度高精度。这就好比一个超级敏锐的裁判，得能以超快的速度和极高的精度判断高速、高性能芯片的表现，这样才能满足那些厉害芯片的测试需求。

明白了，那还有呢?

还有就是多功能多模式。现在的测试设备得像万能工具一样，能测试不同类型的芯片，还得能适应未来芯片功能的不断扩展和变化。

这个很重要啊，不然新芯片出来还得换设备。

对呀！再就是低功耗节能。测试设备也得跟上可持续发展的步伐，降低能源消耗，少产生点热量。

确实，环保很重要。

还有智能化自动化呢！引入人工智能、物联网和大数据分析这些高科技，让测试设备变得聪明起来，能自动优化测试过程，还能做出智能决策。

哇，听起来好厉害。

最后就是可靠性和稳定性啦。测试设备得像个靠谱的老黄牛，能适应长时间连续运行和高负载的工作环境，不能掉链子。

6.2 集成电路装备方向对从业者的技术要求

嘿，小菜。你知道吗？随着集成电路装备技术一直在发展进步，对干这行的人技术要求也越来越高了。

真的吗？大兵师父，好有危机感呀。我得认真学习，不然会被行业淘汰呀。

首先呢，得会设备操作与维护。就是要熟悉那些集成电路设备怎么开怎么关，怎么调整设备参数，要是设备出故障了还得能解决。

要能看懂设备使用手册和操作规程，熟练地操作各种集成电路设备，还得会给设备做常规的保养。

哦，这听起来不太容易呢。那还有呢？

还有就是要掌握集成电路制造的工艺流程，得明白各个步骤之间是怎么联系和相互影响的。

要能分析出不同的工艺步骤对产品质量和性能有啥作用，还要协调好各个步骤一起好好工作。这就好比指挥一场复杂的交响乐，每个环节都得配合好，才能演奏出美妙的音乐。

哈哈，这个比喻有意思。那故障排除方面呢？

故障排除与修复也很重要哦。要能很快地诊断出设备出了什么故障，然后根据故障现象和设备报警信息，分析原因，采取办法修好它。

得熟悉各种仪器仪表咋用，怎么排查故障，还得能自己搞定常见的故障。就像一个医生，要能快速诊断出设备的“病症”，然后治好它。

嗯，明白了。那数据分析呢？

数据分析与统计也不能少呀。要会从设备运行的数据里找到有用的信息。得熟悉数据分析的软件和工具，能分析设备运行状态、故障率、维修效率这些指标，还得能提出改进的建议。

这就像是从一堆数字里找出宝藏，然后让设备变得更好。

哈哈，挺有趣的说法。质量控制方面呢？

质量控制与管理也很关键哦。要了解集成电路制造的质量标准和流程规范，能执行质量控制的措施。

要熟悉质量管理体系和工艺审核要求，要是有质量问题，还得能去调查和处理，保证产品质量合格，就像一个严格的质检员。

那新设备引进和验证呢？

还要参与新设备的引进和验证工作呢。包括选设备、评估供应商、安装调试设备等。要能根据工艺需求制定设备验证方案，然后按计划完成验证，确保设备性能达标。

技术文档编写也很重要吗？

当然啦，要能写设备操作手册、维护手册这些技术文档，得把设备的结构、原理、操作步骤还有常见故障处理方法等都写清楚。

要能把复杂的技术内容简单明了地告诉别人，让大家都能看懂。就像一个好老师，要把知识清楚地教给学生。

那团队协作与沟通呢？

这个也很重要哦。要和其他团队成员，像工艺工程师、生产工程师等紧密合作，一起解决问题，完成任务。

要能把工作进度、需求变化、风险预警这些信息都沟通好。因为一个人的力量是有限的，大家一起合作才能把事情做好呀。

原来集成电路装备方向对从业者的要求这么多啊，真是长知识了。

6.2.1 设备操作与维护

嘿，小菜。作为一名集成电路装备工程师呀，设备操作与维护可是必须要掌握好的重要技能哦。

是的，大兵师父。我知道很重要，那具体要怎么做呢？

首先呀，你得仔细去读设备操作手册。那手册就像设备的说明书一样，会告诉你设备的结构是啥样的，有啥功能，还有具体怎么操作。你一定要确保自己真的理解了手册里的指导，然后按照它说的做。

好的，明白了。那操作设备之前还要做什么呢？

操作设备之前要进行预操作检查。就是要看看设备的供电正不正常呀，有没有足够的气源和液源等。这就好比出门前要检查车子有没有油、轮胎有没有气一样，得确保设备是处于能正常工作的状态。

哦，这样啊。那操作设备的时候要注意什么呢？

操作设备的时候，自己的安全可千万要注意哦！要戴上手套、护目镜这些必要的个人防护装备。而且一定要遵守设备操作规范和安全操作程序，可别随意去修改设备参数或者做那些危险的操作。

操作设备的各个部件和控制面板的时候要仔细，确保操作正确无误。同时呢，还要时刻注意观察设备的运行状态，要是发现有任何异常情况，得赶紧处理。

设备维护方面呢？

设备维护也非常重要呢！你要制订设备的维护计划，像日常维护、预防性维护还有定期检修这些都得有。按照设备厂商给的维护手册和建议，去做必要的维护工作。

具体要做些什么维护工作呀？

要定期清洁和保养设备哦。把设备上的灰尘和杂物都清理掉，检查设备的密封性能好不好，并清洗设备的内部和外部表面。

清洁的时候要注意用合适的清洁剂和工具，可别把设备给弄坏了。

有时候设备的一些关键部件可能需要更换，你就得定期检查设备的零部件状况，然后按照维护手册或者相关指导去进行必要的更换操作。

要是设备出故障了怎么办呢？

设备要是发生故障了，你要赶紧采取措施进行故障排除和修复。可以利用设备的自我诊断功能和故障日志来初步判断是哪里出了问题，要是自己搞不定，就得及时寻求设备厂商的技术支持。

在维护过程中，要做好维修记录，把维护的时间、内容还有更换部件的信息都记下来。通过对维修记录的统计和分析，就能及时发现设备的异常情况和潜在问题。

嗯，明白了，设备操作与维护真的很重要啊。

是啊，通过认真操作设备、定期维护还有及时处理故障，就能提高设备的稳定性和可靠性，确保生产工艺顺顺利利地进行呢！

6.2.2 工艺流程理解

作为一名集成电路装备工程师，你需要了解工艺流程的重要性。工艺流程是制造集成电路的步骤和方法。下面是关于工艺流程理解的详细说明。

首先呢，你得像个探险家一样，去熟悉整个集成电路制造的工艺流程。制造集成电路就像搭建一座神奇的城堡，得经过好多步骤呢。比如说晶圆制备，就像是为城堡打下坚实的地基；光刻呢，就像是在地基上画出精美的图案；沉积呢，就像是给城堡添砖加瓦；刻蚀呢，就像是把多余的部分去掉，让城堡的形状更完美；离子注入呢，就像是给城堡注入神奇的力量。你得深入了解每个步骤的目的、原理和操作方法哦，就像了解城堡每一块砖头的作用一样。然后呢，还得把这些步骤像串珍珠一样串起来，形成一个完整的工艺流程。你可以通过看工艺文献，就像读城堡建造秘籍一样；参加培训课程，就像跟大师学魔法；还有和经验丰富的同事交流，就像跟城堡建造高手请教经验，来学习这个工艺流程。

接着呢，你得搞明白工艺参数和设备操作之间的关系哦。工艺参数就像是控制设备这个大机器的魔法棒。在集成电路制造的工艺流程中，工艺参数可是调节和控制设备操作的关键因素呢。你得清楚不同的工艺参数会给设备操作和产品性能带来啥样的影响。打个比方，温度就像设备的“热情度”，压力就像设备的“力气大小”，时间就像设备的“工作节奏”。对这些参数的调节会像变魔术一样改变设备的工作状态。而且呢，你还得知道怎么通过调整工艺参数，让产品性能变得更棒，就像把一个小宝贝打扮得更漂亮一样。你可以通过自己动手实践，就像亲自去玩魔法游戏积累经验；通过分析数据，就像侦探找线索一样去研究；还可以通过模拟仿真，就像在虚拟世界里做实验一样，来搞懂这些关系。

另外呀，你可不能忘了掌握工艺检测与控制的方法哦。工艺检测与控制就像是集成电路制造这场大冒险中的“安全卫士”，那可是至关重要的环节呢。你得熟悉各种工艺检测设备和测试工具，它们就像是你的神奇法宝。要了解它们的原理和使用方法，这样才能准确地测量和分析工艺参数。就好比你有了一把精准的尺子，能清楚地知道每一个环节的情况。

然后呢，通过反馈控制来调整设备操作，就像给一个调皮的小机器人下达正确的指令，让它乖乖干活。同时呢，你还得像个聪明的侦探一样，掌握统计过程控制(SPC)等工艺监控方法。通过分析数据和做出判断，就像在一堆线索中找出真相，及时发现和解决工艺异常。这样才能确保产品质量和生产效率，就像守护着一座珍贵的宝藏，不能让任何问题破坏了它的价值。

作为一名优秀的装备工程师，你还需要紧跟行业的技术发展动态。集成电路行业在不断发展和演进，新兴工艺流程和相关的工艺优化方法也在不断涌现。你需要了解最新的工艺流程和相关技术，参加学术会议、持续学习和研究最新的科学文献，并多与同行交流等。通过不断学习和更新知识，你能够更好地适应行业的需求，并将最新的工艺技术应用于实践中。

最后呢，作为装备工程师，你就像是一个超级连接者。你得和其他团队成员，像工艺工程师、物理设计工程师等，保持良好的沟通和协作，就像一群小伙伴一起去冒险。你要像个优秀的传声筒一样，准确地理解工艺要求，然后把这些要求清楚地传达给大家。同时呢，你也要像个虚心的学生，能够接受来自其他团队成员的建议和意见。拥有这种良好的团队合作能力，不断解决工艺上的各种问题和挑战，才能持续推动整个工艺流程不断优化改进。

总结一下。作为一名集成电路装备工程师，明白工艺流程可是超级重要的哦。就好像你在集成电路的奇妙世界里是个超级英雄，而工艺流程就是你的超能力秘籍。首先，你要像个勇敢的探险家一样，熟悉整个工艺流程，从晶圆制备开始，就像踏上一段刺激的冒险旅程，一个步骤一个步骤地去探索，把它们都串联起来。然后，得搞懂工艺参数和设备操作的关系，就像弄明白魔法药水和魔法棒之间的神秘联系，知道温度、压力、时间这些参数怎么影响设备操作和产品性能。接着，掌握工艺检测与控制的方法，像拥有了神奇的法宝，能准确测量和分析工艺参数，还能通过反馈控制让设备乖乖听话，用统计过程控制等方法充当侦探，找出工艺异常。同时，还要像个好奇的探索者，时刻关注行业技术发展，不能落后。最后，一定要有良好的沟通与协作能力，就像和一群小伙伴一起组队打怪，准确传达工艺要求，虚心接受别人的建议和意见。这样，你就能在工艺流程中发挥出更大的作用。

6.2.3 故障排除与修复

嘿，小菜。你知道吗？故障排除与修复可是集成电路装备工程师必须要会的关键技能呢。

真的吗？那故障排除第一步是啥呀？

第一步就是要像个大侦探一样，准确地分析问题，找出故障的原因和范围。得有好的逻辑思维和问题解决能力，用观察、数据分析还有实验验证这些方法，赶紧找到故障点。

哦，那理论知识在这当中起啥作用呢？

理论知识那可是故障排除的基础呀。得了解集成电路装备的原理和工作机制，就像要清楚一个大机器的各个零件是干啥的，怎么配合工作。

明白了。那在故障排除的时候要用啥呢？

各种仪器和测试设备可少不了。得熟练掌握常见的测试设备，像个熟练的工匠一样正确使用它们来测量和分析。

故障排除还涉及啥呀？

还经常涉及电路分析呢。得能读懂和分析电路图，知道各个元件的作用和连接方式。

那故障诊断又是什么呢？

故障诊断就是根据故障现象和分析结果，像个医生一样准确诊断出具体的故障原因。要综合运用自己的知识和经验，看看相关文献和资料，还可以和其他工程师讨论交流，最后找到最有可能的故障点。

那找到故障点之后呢？

那就采取措施修复呗。得掌握维修的基本技巧和方法，像焊接呀、换元件呀、重新调整设备设置啥的。

在这个过程中要注意啥呢?

安全永远是第一位的。得遵守安全规定和操作规程，戴上个人防护装备，保证自己和别人的安全。还要把设备正确接地和维护好，降低风险。

看来故障排除和修复还挺不容易呢。

对呀，有了良好的分析能力、扎实的理论知识、熟练的仪器使用、准确的电路分析、精确的故障诊断、娴熟的维修技巧、重视安全的意识这些，集成电路装备工程师就能高效解决设备故障，保证生产流程稳定、产品质量可靠啦。

总结起来，故障排除与修复确实很重要。

是呀，这得靠大量的实践经验。要不断积累和分享自己的经验，从每个故障案例里吸取教训，总结出通用的规律和方法。还得不断学习，关注最新的技术和设备发展动态，才能应对不断变化的挑战。

6.2.4 数据分析与统计

作为一名集成电路装备工程师，数据分析与统计就是一件超级厉害的秘密武器！数据分析与统计呢，就好比是你去收集各种宝贝（数据），然后把这些宝贝整理得整整齐齐，再通过仔细研究这些宝贝，从中找到有用的信息和得出超棒的结论的这么一个过程。接下来，咱就好好讲讲关于数据分析与统计的那些技术要求。

嘿，你知道吗？要是当集成电路装备工程师，数据分析与统计那可是超重要的核心技能呢！

真的吗？那先说说数据分析第一步是啥呗。

第一步就是数据收集与整理啦。就像去寻宝一样，得先知道要找啥样的宝贝(数据)。然后选好合适的方法去把宝贝找回来，找回来后还得把宝贝整理干净。

哦，那然后呢？

接着是数据探索与可视化，这就像把宝贝摆出来让人看清楚。

用那些图表和图形工具，比如柱状图、折线图啥的，把数据的分布、趋势还有关联关系都展示出来，这样就能更好地理解数据的特点和规律啦。

数据分析还需要啥呢？

那可离不开统计学的基础知识哟。得学会像平均值、标准差这些基本的概念和方法，就像有了测量数据的尺子一样，可以用它们来描述和分析数据。

有时候还得做假设检验和推断统计呢，就像侦探破案一样去验证或者推断一些结论。得了解不同的假设检验方法，才能选到合适的来分析数据。

还有呢？

回归与相关分析也是常用方法之一哦。得学会回归分析的原理和方法，就像找到变量之间的神秘联系一样，可以用它们来研究变量之间的关系，还能预测未来的趋势呢。

现在科技这么发达，还有啥新招不？

随着科技发展呀，数据挖掘和机器学习可越来越重要啦。得了解它们的基本概念和方法，还得会编程和构建模型，这样就能更好地分析和利用大量的数据，就像有了超级强大的工具来挖掘宝藏。

那用啥工具来分析数据呢？

要是你想成为一名集成电路装备工程师，那可得记住啦，数据分析与统计就像是一把超级厉害的魔法钥匙。数据收集与整理，就像是在收集神奇的魔法碎片，把它们归拢到一起。数据探索与可视化呢，就像是拿着一个魔法放大镜，去发现那些隐藏在数据深处的奥秘，并且把它们变成好看的图像展示出来。掌握统计学基础知识，就如同拥有了一本魔法宝典，里面全是神秘的数字咒语。假设检验与推断统计，就像是在进行一场刺激的魔法大冒险，去验证那些奇妙的猜想。回归与相关分析呢，就像是在编织一张魔法网，把不同的数据点连接起来。数据挖掘与机器学习，那简直就是召唤出了强大的魔法精灵，让它们帮你从海量数据中找出宝藏。学会使用数据分析软件工具，就好比拥有了一个魔杖，让你轻松施展数据分析的魔法。还有，可不能忘了数据保密与隐私保护，这就像是给你的魔法宝藏加上了一层坚固的魔法护盾。当你把这些要素都学会了，你就能像一个厉害的魔法大师一样，高效地进行数据分析与统计工作，为集成电路装备的设计、生产和维护提供强大的支持和指导，让集成电路的世界变得更加精彩。

6.2.5 质量控制与管理

作为一名集成电路装备工程师，你将承担重要的责任，负责质量控制和管理。下面是关于质量控制和管理技术要求的更详细说明。

作为集成电路装备工程师，你需要了解和理解与集成电路装备相关的质量标准和规范。

嘿，你知道不？那些和集成电路装备相关的质量标准和规范，可是确保产品质量的基础呢。

哦？为啥这么说呀？

你想啊，这就好比是盖房子得有建筑标准一样。咱们得了解这些标准和规范的要求和指南，工作的时候照着做。

明白了。那项目开始的时候要干啥呢？

项目一开始，就得制订质量计划和策略。就像出发去冒险前，得先明确目的地和路线。要明确质量目标和标准，还得确定相应的质量控制措施和流程。

具体咋确定呢？

得确定适当的质量检查点，就像在路上设置关卡检查一样。还有评估指标，看看做到啥程度了。以及质量验收的标准和方法，这样才能确保产品质量可靠又一致。

作为一名装备工程师，你需要了解和掌握集成电路装备的检测和测试技术。

嘿，你知道集成电路装备都有啥检测和测试技术吗？

不太清楚呢。

有非破坏性检测(NDT)，就像给装备做个温柔的体检，不伤害它还能发现问题。还有电功能测试(EFT)，看看装备的电性能咋样。还有环境适应性测试(EAT)，考验装备在各种环境下能不能扛得住。

哦，这些检测和测试很重要。

那当然啦！通过用合适的检测和测试方法，就能确保产品在生产过程中还有交给客户之前质量都可靠。

那还有啥要注意的呢？

了解统计质量控制的基本原理和方法也很必要哦。像过程能力分析，就是看看生产过程的本事有多大。还有流程控制图，就像监控摄像头，盯着生产过程。

还有抽样检验，从一堆产品里抽几个检查，就知道整体质量咋样。

这么厉害呢。

对呀，通过采集和分析相关数据，就能监控和调整产品的生产过程，就像给生产过程装了个方向盘，能让质量一直稳定，还能不断改进。

作为一名装备工程师，你需要具备良好的错误分析和问题解决能力。

嘿，你知道不？咱得会找问题的根本原因。就像侦探破案一样，找到问题的源头，然后制定纠正和预防措施，这样就能防止类似问题再次出现，还能提高产品质量水平呢。

嗯，有道理。那还有啥呢？

还有啊，得和供应商紧密合作。咱得评估和选择合适的供应商，就像挑靠谱的小伙伴一样。然后和他们建立良好的合作关系。

为啥要和供应商合作呢？

你想啊，他们提供的物料得符合质量要求呀。咱得管理供应商的质量，要是他们那边有质量问题，得赶紧解决，不然会影响咱们的产品。

你需要培训团队成员掌握质量标准和规范。

嘿，你知道不？质量培训和意识提升对整个团队来说可太重要啦！

为啥这么说呢？

就好比给团队成员都装上一个质量小雷达。咱得提高大家的质量意识，让每个人都像守护宝贝一样守护产品质量。而且还能加强团队合作精神，大家一起为质量努力。

那你自己呢？

我也不能闲着呀，我得不断学习和更新质量管理方面的知识，就像给自己的武器库不断升级装备一样，这样才能保持专业素养和竞争力。

还有啥是你的责任呀？

参与质量审核和认证工作也是我的责任之一呢。得了解审核和认证的要求和流程，就像拿着地图去探险，确保产品和生产过程符合相关的质量标准和规范。

你要是一名集成电路装备工程师，那可要有质量控制和管理的本事呢。就好像你是一个守护产品质量的超级卫士。首先呢，你要熟悉质量标准和规范，这就像是你有了一本质量“宝典”，知道啥是好的啥是不行的。然后要制订质量计划和策略，就像将军制订作战计划一样，有了明确的方向去保证质量。还要掌握检测和测试技术，这就像是你有了各种神奇的“探测器”，能把产品的问题都找出来。了解统计质量控制呢，就像有了一个质量“魔法水晶球”，能通过数据看到质量的趋势。要是遇到问题，你得有错误分析和问题解决的能力，就像一个聪明的侦探，能快速找到问题的根源并解决掉。管理供应商也很重要哦，就像你在带领一群小伙伴一起为质量努力，得让他们也不掉链子。加强质量培训和意识提升，就像是给大家都注入质量“超能力”，让每个人都重视质量。不断学习和更新质量管理知识，就像有了一个质量“升级宝盒”，能让产品和生产过程越来越棒。最后，参与质量审核和认证，就像是给产品盖上质量“荣誉勋章”，让大家都知道这是高质量的好东西。

总之，有了这些要素，你就能有效地控制和管理产品质量，确保产品符合要求，还能不断提升质量水平呢。

6.2.6 新设备引进与验证

引进新设备是保持装备技术领先、提升生产效率和产品质量的关键步骤。在引进新设备时，集成电路装备工程师需要完成如图 6-11 所示的几个主要任务。

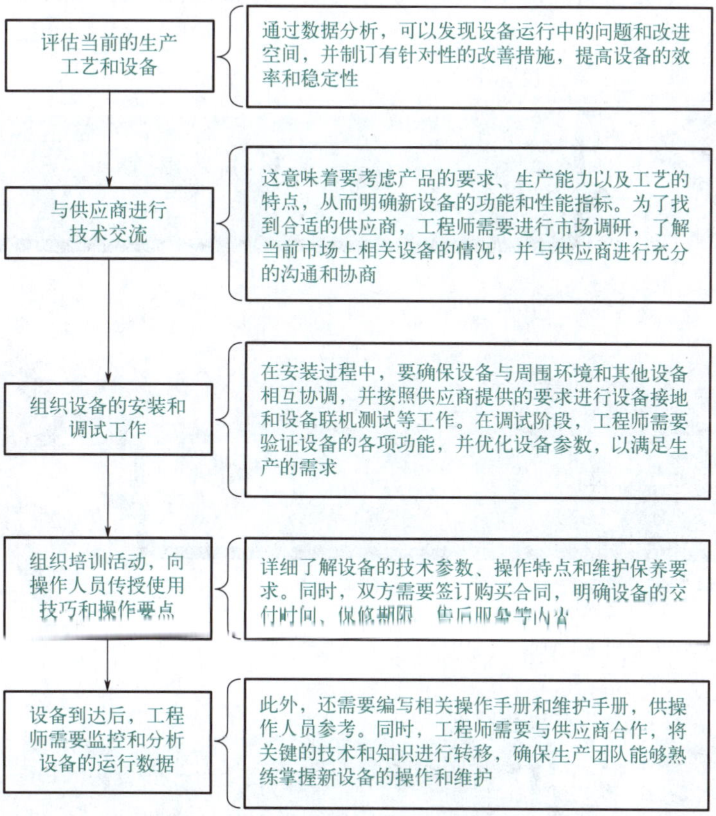

图 6-11 集成电路装备工程师引进新设备流程图

引进新设备那可是集成电路装备工程师的一项超级重要的任务呢！就好像工程师在开启一场精彩的冒险之旅。首先，要进行技术评估和需求分析，这就像是在出发前仔细规划路线，搞清楚自己到底需要啥样的新装备，有啥特别的要求。接着进行市场调研和供应商选择，就像在一个大集市里挑选最好的宝贝，要找到靠谱的供应商，让他们提供厉害的新设备。然后是技术交流和购买合同签订，这就像是和卖家好好商量，确定各种细节，签下一份保障双方利益的契约。新设备来了可不能直接用，还要进行设备验证和调试，就像给新到手的魔法道具进行检验和调整，确保它能正常发挥作用。之后呢，还有培训和转移，把新设备的使用方法传授给大家，让大家都能熟练操作这个新宝贝。最后，进行数据分析和改进，看看新设备用起来咋样，有啥地方可以变得更好。这么一套科学的引进和验证过程，就像给集成电路产业注入了新的活力，能提高装备水平，推动整个集成电路产业向前发展，就像让一辆快速前进的列车跑得更快更稳。

6.2.7 技术文档编写

技术文档编写可是集成电路装备工程师的一项重要技能呢！技术文档就像是工程师的魔法日记，是记录和交流工作的好办法。有了技术文档，工程师就能准确地表达出遇到的问题和想到的解决方案。还能把设备的操作方法和维护要点都记录下来，就好像给设备画了一幅详细的地图。一份好的技术文档可厉害啦！它能像个小助手一样，提高工作效率，让工程师们少犯错，也不会老是做重复的工作。对于保证装备正常运行来说，它就像一个守护精灵，非常重要！

嘿，你知道写技术文档有啥要求不？

不太清楚呢，你说说。

首先啊，技术文档得像一面真实的镜子，准确地反映实际情况，可不能有模糊和不准确的描述哦。文档里的技术参数、操作步骤、故障处理这些内容，都得经过验证和确认，就像给宝贝做检查一样，确保信息真实可靠。

嗯，明白了。那还有呢？

其次呀，技术文档得让人一看就懂，可不能用那些难懂的技术术语和复杂的句子结构。内容要简明扼要，层次清晰，就像给人指路一样，让人很容易就能找到自己需要的信息。

这个有道理。还有啥特点呢？

另外呢，技术文档得有个好结构，要有标题、目录、章节等，就像一个整理得井井有条的书架，方便读者快速定位自己需要的信息。

可以用模板或者规范化的格式来写文档，统一风格，这样可读性更高，整体形象也更好。

了解了。那内容方面呢？

技术文档还得全面地涵盖相关内容哦，像设备的基本信息、操作说明、维护保养、故障处理、常见问题等都得有。

文档里的内容得符合实际工作需求，各个方面都得覆盖到，确保读者能拿到全面的信息，就像一个百宝箱，啥都有。

还有呢？

最后呀，技术文档得有可更新性。要及时跟踪和更新设备的技术参数、操作方法和维护要点。

要是设备有改进或者升级了，技术文档也得跟着变，就像给衣服打补丁一样，确保文档始终和实际操作一致。

编写技术文档的流程一般包括以下几个步骤，如图 6-12 所示。

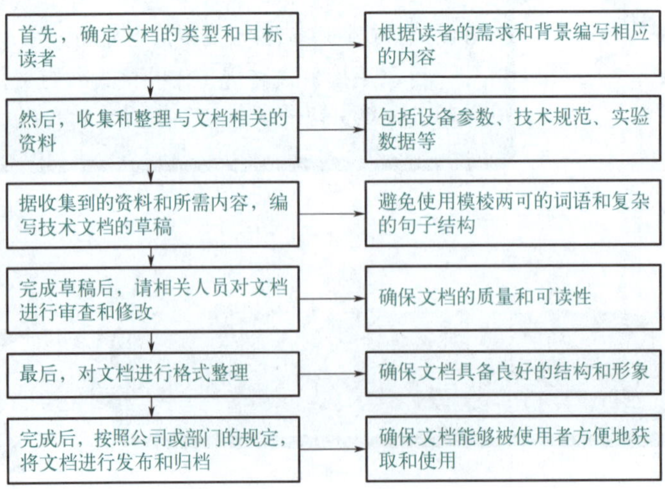

图 6-12　技术文档编写流程图

技术文档编写可是集成电路装备工程师的一项超重要技能呢！就好像是工程师的秘密武器。要是能写出准确、清晰、完整的技术文档，那可就厉害了。它能像个魔法助手一样，提高工作效率，让错误和重复工作都变少。在写技术文档的时候呀，得遵循一些原则。准确性就像瞄准靶心，不能有一点偏差；清晰性呢，就像把话说得明明白白，让人一听就懂；结构化就是把东西整理得井井有条，找起来方便；完整性呢，就像把一个拼图拼得完完整整；可更新性呢，就像给衣服打补丁，随时跟上变化。还要根据文档类型和目标读者的需求，按照流程来写。注意语言要简洁明了，结构要合理，配图要清晰，格式要规范，还要及时更新，让它一直保持活力。有了良好的技术文档编写，就像给装备加上了稳定器，能提高工作效率，还能让装备运行得稳稳当当。

6.3 集成电路装备工作需要具备的专业知识

作为一名集成电路装备工程师呀，要像海绵一样，努力去汲取很多专业知识。这就好比要装备一身强大的“知识铠甲”，随时准备在这个高科技的战场上冲锋陷阵。具体来说，有以下几个方面的知识需要去掌握，如图 6-13 所示。

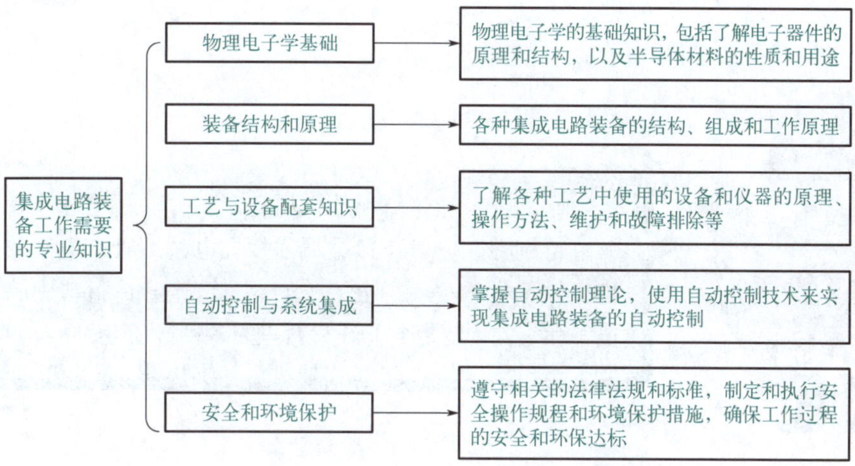

图 6-13　集成电路装备工作需要的专业知识

6.3.1 物理电子学基础

物理电子学是集成电路装备工程师必备的基础知识之一。它涉及很多有趣的内容，让我们一起来了解一下吧！

物理电子学就像是一个神奇的探索者，专门研究电子器件的基本原理和结构呢。它就像是一把钥匙，能打开电子世界的神秘大门。在这个学科里，我们可以深入了解电子器件是如何工作的，它们的内部结构是怎样的奇妙组合。物理电子学带领我们走进一个充满奥秘和惊喜的电子世界，让我们对那些小小的电子器件有了更深刻的认识。

嘿，你知道吗？学物理电子学的时候，咱们首先会学到好多关于电子器件的知识呢。

真的吗？都有啥知识呀？

比如说半导体材料的性质和制备方法。半导体材料可特别啦，它既不像金属那样导电超厉害，也不像绝缘体那样几乎不导电。咱们会学到半导体材料中的电子和空穴，还有它们在材料里的各种行为哦。

有多复杂呀？

物理电子学包含很多不同的电子器件，咱们要了解这些电子器件的功能和工作原理。另外还要了解制造这些电子器件的主要工艺设备，像光刻机、薄膜沉积设备、刻蚀机等。这些设备在集成电路的制造过程中可重要啦。

接下来呢？

接下来呢，咱们会学到集成电路装备的结构和原理。集成电路装备那可是非常复杂的设备哟。

还有吗？

在学习物理电子学的过程中呀，咱们还会了解到工艺与设备的配套知识。

这是啥意思呢？

这就意味着咱们得了解不同的工艺步骤和用到的设备，比如沉积、刻蚀、离子注入和相应的设备。还得学习怎么操作这些设备，以及怎么维护和排除故障。

另外呢，咱们还会学到自动控制与系统集成的知识。

这又有啥用呢？

这就意味着，咱们要了解自动控制的原理和方法，还有怎么让设备和上位机进行通信和数据交互。这对实现设备的自动控制可重要啦。

最后呀，咱们还会学到安全和环境保护的知识。

为啥要学这个呢？

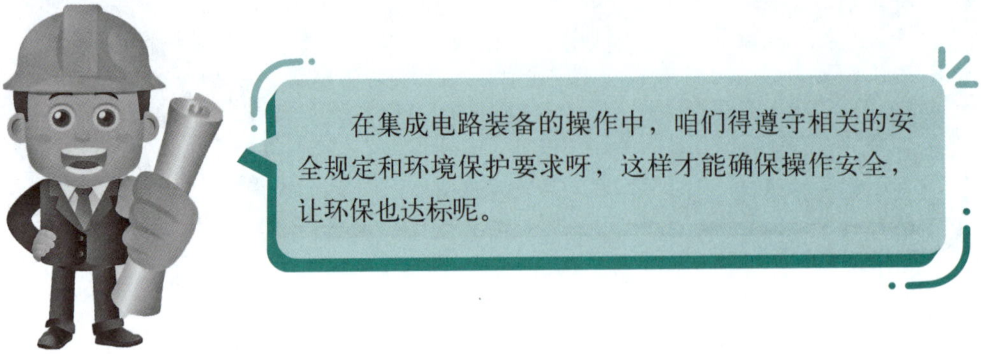

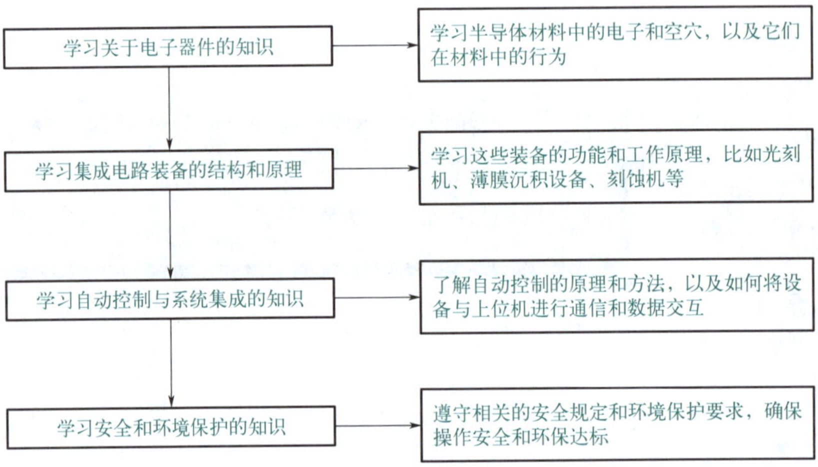

图 6-14　集成电路装备工程师相关基础知识

总的来讲，物理电子学是集成电路装备工程师必须掌握的基础知识之一！如图 6-14 所示，就像是工程师们的一把神奇钥匙。通过学习物理电子学呀，我们就像打开一个神秘的知识宝箱一样，了解电子器件的基本原理和结构。还拥有了一张集成电路装备的地图，掌握集成电路装备的结构和原理。也能知道工艺和设备怎么完美搭配，了解工艺与设备的配套知识。还能像指挥一个小乐队一样，掌握自动控制与系统集成的方法。并且呢，还能明白安全和环境保护有多重要，了解安全和环境保护的要求。这些知识呀，就像是给我们从事集成电路装备工作准备的强大理论后盾。希望你现在对物理电子学有了更棒的理解哟！

6.3.2　装备结构和原理

集成电路装备可是专门用来制造和生产集成电路的超厉害的高精度设备和工具哟！就像是一群神奇的小精灵，各有各的本领。这里面有光刻机，它就像一个超级魔法师，能在小小的芯片上画出精细无比的图案。磨切机呢，就像一个厉害的雕刻家，把芯片雕琢得恰到好处。还有清洗机，就像一个勤劳的清洁工，把芯片打扫得干干净净。还有检测仪器，就像一个严格的小老师，仔细检查芯片有没有问题。现在，就让我们一起去探索一下它们的结构和原理吧，看看这些小精灵们到底是怎么施展魔法的。

光刻机，是个神奇的“图案魔法师”呢！它的作用就是把芯片图案投射到硅片上。它里面有光学系统、掩模对准系统和曝光光源等好多厉害的部件。

其中光学系统那可是实现高分辨率曝光的核心哟！它就像一个超级厉害的光工厂，能利用曝光光源发出的高强度的紫外光光束，经过投影镜头，把芯片的精美图案投射到硅片上。

还有那个掩模对准系统呢，就像是个超严格的“瞄准小卫士”，专门负责投影的准确性，一点都不能马虎。它的原理呢，就是利用光的干涉和掩模的透光性，就像变魔术一样把芯片的图案稳稳当当地投射到硅片上。

磨切机，主要就是把加工完成的硅片分割成一个个单独的芯片，就像一个小巧的“芯片分割大师”。它利用切割盘进行切割，那可是有高精度和高效率的特点呢！

磨切机就像一个有魔法的“固定小能手”，通过摩擦力把硅片稳稳地固定在切割盘上，然后再用切割刀把硅片像切蛋糕一样切成单个芯片。

它的运动控制系统就像一个超细心的“指挥小精灵”，控制着切割刀的位置和压力，保证切割的精度和质量。

清洗机，就像是芯片的“清洁小天使”。它的任务就是把硅片表面的污染物都清理掉，确保芯片制造过程中的纯净度。

它主要有酸洗、溶剂洗和纯水冲洗这些超棒的模块。

酸洗模块就像一个厉害的“清洁工大力士”，专门去除硅片表面的氧化层和有机污染物。

溶剂洗模块呢，就负责把光刻胶残留给赶走。

纯水冲洗模块呀，负责去除化学溶剂残留和杂质。它通过循环喷淋和旋转盘的运动，就像在给硅片下一场“清洁雨”，把清洗液均匀地喷洒到硅片表面，把那些讨厌的污染物都给清理得干干净净。

检测仪器，是最后上场的，它可是芯片的“性能大侦探”。它用于对芯片进行各项性能测试和质量检测。

它主要分为电学测试、光学测试和尺寸检测等仪器。

电学测试仪器就像一个严格的“电学小老师”，通过施加电压和电流来测量芯片的电学特性。

光学测试仪器呢，就像一个敏锐的“光侦探”，它通过照射芯片并接收反射或透过的光信号来测量光电特性。

尺寸检测仪器就像是一个精确的“小尺子”，专门检测芯片的尺寸和形状。

要是我们好好了解一下集成电路装备的结构和原理呀，那就像是打开了一扇通往神奇世界的大门。这样我们就能更清楚地明白这些装备是怎么工作的，有啥神奇的功能。这些集成电路装备可厉害啦！它们运作起来得有超高的精度和效率呢，就像一群超级细心又超级快速的小工匠，为的就是确保芯片的质量和性能。集成电路装备工程师需要掌握这些知识，就像拥有了一个神奇的工具包，这样他们才能正确地操作这些设备，好好地维护它们，就像照顾宝贝一样。只有这样，才能保证芯片的制造质量。

6.3.3 工艺与设备配套知识

集成电路装备工作需要掌握的专业知识之一是工艺与设备配套知识。这是为了确保集成电路的制造过程顺利进行，让我们一起来了解一下吧！

嘿，你知道不？工艺流程理解那可太重要啦！

为啥重要呀？

它涵盖了从芯片设计到封装和测试的整个制造过程呢。

每个步骤都有自己的目的和要求，而且各个步骤之间还有相互关系和依赖关系。

只有了解了整个流程，才能确保每个步骤都顺顺利利进行。

还有啊，设备选择与调试也超重要。

这又是为啥呢？

不同的工艺得用不同的设备和工具来支持呀。了解各种设备的原理、特点和性能指标，才能做出正确的设备选择。而且还得能对设备进行调试和优化，让它们正常运行、高效工作，这样才能生产出高质量的集成电路产品。

工艺参数优化也很关键。

怎么个关键法呢？

不同的工艺需要不同的参数设置来控制工艺过程中的各个因素。我们得了解不同参数对工艺的影响，通过实验和数据分析来进行优化，这样才能生产出更好的产品。

工艺控制与监测也是确保生产质量和一致性的关键呢。

哦？为啥这么说？

我们得了解不同的工艺控制方法，还要知道怎么实时监测和调整工艺过程。用各种传感器和监测设备对工艺过程进行实时监测，及时做出调整，才能确保产品质量稳定和一致。

设备维护与故障排除也非常重要。

这我能理解，设备坏了肯定不行。

对呀，我们得熟悉设备的维护规范和操作方法，定期进行设备维护，保持设备良好工作状态。

还得了解常见设备故障原因和解决方法，这样才能快速识别并解决故障，减少停机时间和生产损失。

总而言之，工艺与设备配套知识在集成电路装备工作里那可是超级重要的哟！就像是集成电路装备世界的一把万能钥匙。它呀，涵盖的范围可广了呢！有工艺流程，就像给集成电路装备工作画了一张详细的地图，告诉我们该怎么走。还有设备选择与调试，就像是给装备们挑选最合适的伙伴，再把它们调整到最佳状态。工艺参数优化呢，就像是给装备工作加了一把魔法调料，让结果变得更棒。工艺控制与监测呢，就像是给装备工作找了个严格的小老师，时刻盯着不能出岔子。设备维护与故障排除呢，就像是给装备们请了个贴心的医生，保证它们健健康康的。只有把这些知识都牢牢掌握在手里，我们才能在集成电路装备工作里如鱼得水，干出一番漂亮的成绩来！

6.3.4 自动控制与系统集成

自动控制与系统集成是集成电路装备工作中需要掌握的重要知识之一。它涉及许多有趣的内容，让我们一起来了解一下吧！

嘿，你知道吗？有一种超厉害的技术叫自动化技术哦！

它呀，就是利用各种设备和控制系统，让工业生产过程变得自动化起来。比如说在集成电路装备工作里，它能管生产线的自动控制，还能让设备自动运行，就连工艺参数都能自动调节呢！

要是我们了解了自动化技术的基本原理和常用方法，就可以设计和实施自动控制系统啦，这样就能提高生产效率和产品质量哟！

真不错！那还有个控制理论呢，你了解不？控制理论就是研究怎么通过控制手段，让系统按照预定要求运行或者实现特定控制目标的理论。

在集成电路装备工作中，它可以用在设备运行控制、工艺参数调节，还有系统的故障检测与排除上。

只要我们掌握了控制理论的基本原理和常用方法，就能设计和优化控制系统。

嗯嗯，很有道理。还有个系统集成也很重要呢！

系统集成就是把各个组成部分或者子系统有机地整合到一个完整的系统里，让系统能协同工作，实现特定功能。

在集成电路装备工作中，系统集成方法可以用在设备的仿真与测试、设备之间的数据交互与共享，还有设备和上层管理系统的对接上。

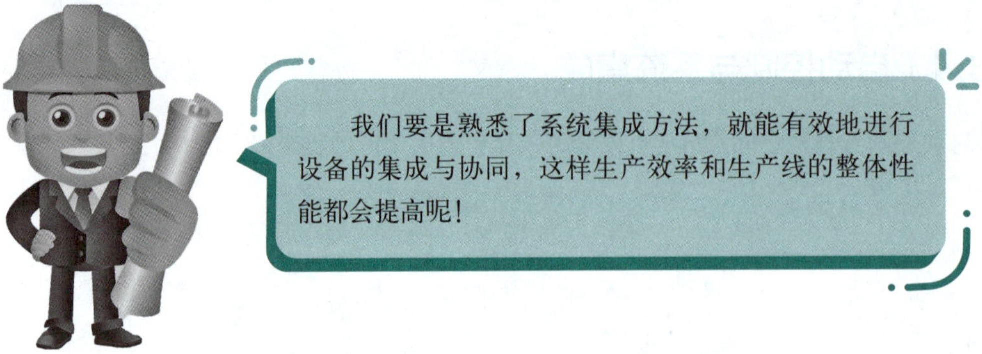

图 6-15 所示为自动控制与系统集成主要内容。传感器和执行器是自动控制系统里的重要角色！它们一个负责感知环境信息，就像自动控制系统的小侦探，到处搜集情报；一个负责执行控制命令，就像自动控制系统的行动队长，随时准备冲锋陷阵。

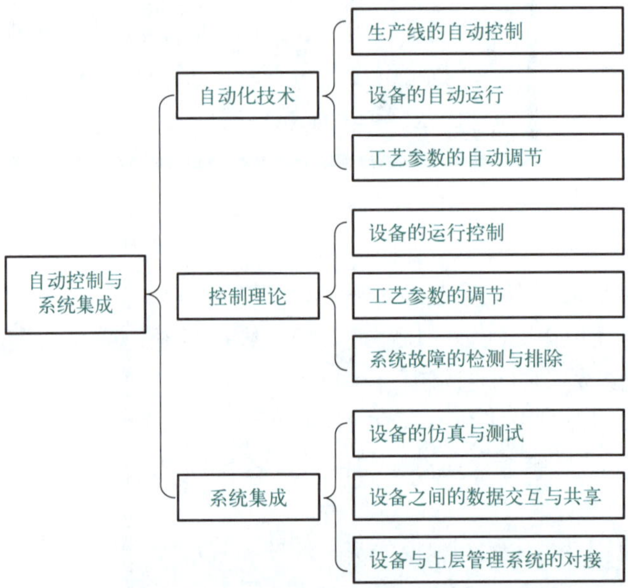

图 6-15　自动控制与系统集成主要内容

在集成电路装备工作中，传感器能监测设备的运行状态，就像一个细心的小卫士，时刻关注着设备有没有“生病”。还能监测工艺参数和环境条件呢，把这些重要的信息都传递给自动控制系统。

而执行器呢，能控制设备的运行，就像一个大力士，让设备按照指令行动起来。还能调节工艺参数，确保整个生产过程顺顺利利。

我们要是了解了不同类型的传感器和执行器的工作原理和特点，那就像有了一本神奇的秘籍。这样我们就能挑选出最合适的传感器和执行器，然后把它们巧妙地集成和配置起来，让自动控制系统变得更加强大，为集成电路装备工作立下大功。

通信与网络技术在集成电路装备工作里也很重要！就像给集成电路装备世界搭建了一条条神奇的信息高速公路。它能让不同的设备之间愉快地进行数据传输与通信，就好像设备们在互相聊天、分享秘密。还能实现数据的远程监控，就像是给设备们找了个远方的“大管家”，随时盯着它们的一举一动。还能远程调节工艺参数呢，就像有一双无形的手，在远方轻轻一推，工艺参数就乖乖地调整好了。而且还能进行数据的采集与分析，把各种有用的信息都收集起来，好好研究一番。

要是我们了解了通信与网络技术的基本原理和应用方法，那就像拿到了一把神奇的魔法钥匙。我们就能设计和实施可靠的通信和网络系统，让集成电路装备世界的信息跑得更快、更稳，为集成电路装备工作添砖加瓦。

6.3.5 安全和环境保护

在咱们集成电路装备工作里呀，安全和环境保护可是超级重要的哦！作为装备工程师，我们得知道怎么让工作环境安全，还要保护好员工的健康呢。

那具体要怎么做呢？

首先呀，我们要培养安全意识。就是要明白安全意识对预防事故和危险有多重要，还要清楚自己的责任和义务哦。

在工作现场，要遵守像防火、通风这些安全要求，这样才能保证工作环境安全呀。

你想想，如果不注意防火，万一着火了可就麻烦啦！

嗯，明白了。那设备操作方面呢？

设备操作也有讲究哦。我们要学好设备的安全操作方法，这样设备才能安全运行，不然操作的时候很容易出事故的。

要是真不小心发生事故了，我们还得有基本的急救知识和技能呢，能马上进行急救处理，然后赶紧报告上级和相关部门。

就像如果有人不小心受伤了，我们得知道怎么帮他止血、包扎之类的。

环境保护方面呢？

环境保护也不能忽视呀！我们要了解并且遵守相关的环境法规和规范，像废水、废气等都有排放标准的哦。

还要注重资源合理利用，减少能源消耗，提高设备利用率，优化工艺流程，这样就能减轻环境的负担啦。比如说，我们节约用电，设备不用的时候就关掉，这就是在为环保做贡献呢。

那废物处理呢？

对啦，废物处理也很重要哦。

我们要知道废物怎么分类、处理和回收。要按照规定把废物分好类，进行合适的处置，这样就能减少对环境的污染和影响啦。

而且我们还要了解环境监测的重要性，要会正确安置和操作环境监测设备，像及时监测废气、废水的成分和浓度这些。

就好像给环境装了个“小卫士”，随时看看它有没有被污染。

个人防护方面要注意什么呢？

个人防护也不能马虎哦！我们要了解并且正确使用个人防护装备，像防护眼镜、手套、防护服这些，它们能保障我们的安全呢。

作业的时候要遵守操作规范，比如正确佩戴防护装备，还要注意通风换气，这样就能降低意外事故和伤害发生的风险啦。

要是不戴防护眼镜，万一有东西溅到眼睛里可就不好了。

还有其他要注意的吗？

还有哦，我们要了解并且掌握应急预案。这样一旦遇到突发事故，就能正确应对，保护好自己和别人的安全啦。

比如说遇到火灾或者其他紧急情况，我们就知道该怎么跑、怎么处理，不会慌了手脚。

原来安全和环保要注意这么多方面呀！

是呀，每一个环节都很重要呢，这样我们才能安心工作，也能保护好我们的环境和大家的健康哦！

参考文献

[1] 周建民 . 图解集成电路芯片的制造过程 [J]. 集成电路应用，2015（01）：38-40.

[2] 鲁芬 . 基于电路分块的超大规模集成电路测试技术研究 [J]. 科学技术创新，2023（27）：33-36.

[3] 丁熠，刘佳甲，何鹏程．集成电路制造装备发展现状及展望 [J]. 电子工艺技术，2024，45（04）：1-5.
[4] 邓中翰．集成电路技术综述 [J]. 集成电路与嵌入式系统，2024，24（01）：1-12.
[5] 马良，刘肖斌，张志耀．等离子清洗工艺在芯片键合前的应用 [J]. 电子工艺技术，2021，42（03）：174-177.
[6] 路春辉，饶胜利，苏俊祥．超声波清洗在航空航天业中的应用 [J]. 清洗世界，2024，40（04）：93-96，99.
[7] 方唐利．自动封装设备模具温度控制系统的研究 [J]. 模具制造，2022，22（09）：40-43.
[8] 马良．半导体加工工艺和半导体制程设备 [J]. 科技风，2016（16）：228.
[9] 张墅野，邵建航，何鹏．封装技术在 5G 时代的创新与应用 [J]. 微电子学与计算机，2023，40（11）：9-21.
[10] 于沐瀛，杨东升，冯佳运，等．高密度系统级封装技术及可靠性研究进展 [J]. 微电子学与计算机，2023，40（11）：149-156.
[11] 周兴．自动化技术在电力工程中的应用 [J]. 城市建设理论研究（电子版），2024（27）：7-9.
[12] 张凤．微电子封装产业的发展现状以及趋势分析 [J]. 集成电路应用，2024，41（05）：46-47.
[13] 潘成亮，夏豪杰，黄亮，等．集成电路测试新工科人才产教融合培养模式探索与实践 [J]. 高教学刊，2024，10（20）：51-54.
[14] 尹航，宋璇，赵梦晗．集成电路测试行业现状分析及建议 [J]. 中国标准化，2024（13）：251-254.
[15] 吴琳．基于 ATE 的集成电路测试方案研究 [J]. 电大理工，2024（02）：12-16，35.
[16] 李严，殷树娟，李涵，等．微电子类课程思政教学探索 [J]. 高教学刊，2024，10（30）：120-123.
[17] 陈浪，杜建宇，汪琪，等．芯粒集成工艺技术发展与挑战 [J]. 电子与封装，2024，24（10）：19-30.
[18] 陈磊．封装工艺中芯片表面溢胶缺陷检测技术研究 [D]. 重庆：重庆理工大学，2024.
[19] 陈东坡，陈昭亮．以技术创新引领射频前端芯片高质量发展 [J]. 高科技与产业化，2024，30（06）：74-76.
[20] 周小勇．基于创新能力培养的高职电子信息专业实践教学 [J]. 学周刊，2024（22）：74-77.
[21] 刘琦．面向类脑计算的物理电子学专题编者按 [J]. 物理学报，2022，71（14）：7.
[22] 陈忠明，沙云东，黄文超．"航空武器装备结构动力学"专刊序言 [J]. 装备环境工程，2024，21（09）：9.
[23] 吴昊喆，晁宇晴．集成电路封装设备远程运维系统设计 [J]. 制造业自动化，2023，45（04）：19-25.
[24] 屈绍伟，陶建平．立井提煤智能自动化控制系统应用 [C]// 中国煤炭学会煤矿自动化专业委员会，中国矿山安全学会煤矿监控与通信专业委员会．第 32 届全国煤矿自动化与信息化学术会议暨第 13 届中国煤矿信息化与自动化高层论坛论文集．平顶山天安煤业股份有限公司十矿，2024：7.
[25] 葛桂冬，栾振松，陈鼎斌，等．新时期化工安全生产与环境保护管理策略 [J]. 化纤与纺织技术，2024，53（09）：97-99.
[26] 吴旌贺．"互联网+"背景下物理电子信息技术的发展与应用——评《半导体物理电子学（第2版）》[J]. 有色金属（冶炼部分），2020（10）：117.
[27] 闻邦语．半导体材料纳米结构性能研究 [J]. 黑龙江科学，2024，15（08）：21-24, 27.
[28] 胡传奇．聚焦集成电路核心装备用精密碳化硅结构件 [J]. 中国建材，2017（07）：116-117.

[29] 程小梅，尹春梅. 专利视角看光刻机技术应用 [J]. 中国科技信息，2024（19）：42-44.
[30] 邹有云，布一帆，杜文杰，等. 用于光刻机物镜像差补偿的透射式变形镜设计 [J/OL]. 压电与声光，1-6[2024-11-18].
[31] 宋伟峰.RCA 清洗机工艺探讨 [J]. 清洗世界，2021，37（04）：111，114.
[32] 辜敏，熊桧文，刘丽玲，等. 仪器分析化学实验：降钙素原快速定量微流控芯片检测 [J]. 大学化学，2024，39（04）：87-93.
[33] 李文莉. 面向智能视觉感知芯片的光学测试平台设计 [D]. 北京：北京交通大学，2021.
[34] 青岛新核芯高端封测项目首台光刻工艺设备进场 [J]. 中国集成电路，2021，30（08）：47.
[35] 曹艳. 浅谈快速热处理工艺及其温度检测与控制 [J]. 电子测试，2019（17）：104-105.
[36] 徐丽雯. 机械自动化技术在汽车控制中的应用 [J]. 汽车知识，2024，24（11）：122-124.
[37] 张兵，季晨，戴开宇，等."现代控制理论"课程教学改革与实践 [J]. 科技与创新，2024（20）：134-136.
[38] GB/T 43063—2023，集成电路 CMOS 图像传感器测试方法 [S].
[39] 高海燕. 计算机网络通信中的数据加密技术研究 [J]. 长江信息通信，2024，37（10）：169-171.

习　题

简答题

1. 集成电路装备方向主要包括哪些方面？
2. 制程设备在集成电路制造过程中有哪些目标？
3. 光刻设备是如何实现芯片上的图案制作的？
4. 刻蚀设备常用的刻蚀方法有哪些？其应具备哪些特点？
5. 集成电路制造过程中的沉积设备有哪些沉积方法？应具备什么能力？
6. 封装设备大致可分为哪几类？其功能主要包含哪些方面？
7. 测试设备主要分为哪两类？各自的作用是什么？
8. 集成电路封装设备呈现出哪些新的发展趋势？
9. 测试设备技术未来的发展趋势有哪些方面？
10. 集成电路装备方向对从业者在设备操作与维护方面有哪些要求？
11. 在工艺流程理解方面，集成电路装备工程师需要掌握哪些要点？
12. 故障排除与修复技能对集成电路装备工程师来说，具体包括哪些方面的要求？
13. 在数据分析与统计方面，集成电路装备工程师应具备哪些能力？
14. 集成电路装备工程师在质量控制与管理方面的职责有哪些？
15. 新设备引进与验证时，集成电路装备工程师需要完成哪些主要任务？
16. 技术文档编写对集成电路装备工程师有何重要性？其基本要求有哪些？
17. 集成电路装备工作需要具备哪些专业知识？
18. 物理电子学基础包含哪些具体内容？对集成电路装备工作有何帮助？
19. 请简述集成电路装备方向涉及的主要设备及其工作原理。
20. 在集成电路装备工作中，自动控制与系统集成方面需要掌握哪些知识？

第 7 章

集成电路生产辅助材料

小芯老师！光刻胶是什么呀？我一点都不了解。

没事，蛋仔，让我来给你科普一下吧。光刻胶是集成电路生产辅助材料的一种。我们可以把集成电路想象成一个非常复杂、精细的迷你城市，而集成电路生产辅助材料呢，就是建造这个迷你城市所需要的各种辅助物资。

哇，听起来好有意思！那辅助材料具体有什么用呢？

以你提到的光刻胶为例吧。光刻胶就像是城市建设中的蓝图绘制工具，在集成电路的生产过程中，它可以帮助把设计好的电路图案精确地转移到硅片等材料上。如果没有高质量的光刻胶，就没办法准确地在芯片上刻画出那些微小的电路线条，芯片的性能也就无法保证啦。

哦！我明白了，就像我们画画需要颜料一样，光刻胶就是集成电路制作过程中的“颜料”。

随着集成电路技术的不断发展，对辅助材料的需求也会越来越大，而且对质量和性能的要求会越来越高。所以啊，集成电路生产辅助材料这个方向有着非常广阔的发展前景。未来会有更多的科研力量投入到这个领域，去研发更高质量、更先进的辅助材料。下面我来领着你探索一下集成电路生产辅助材料的世界吧！

7.1 集成电路辅助材料方向的主要技术

集成电路辅助材料就像是集成电路（IC）制造这场大“魔法”中的神奇助手！虽然它们不是最终的主角，但在整个制造过程中非常重要，就好比化学反应里具有特别作用的催化剂，能帮助实现芯片的精确结构、高质量制造和性能优化。

在 60 多年的发展时间里，全球半导体材料出现了三次具有突破性的发展阶段。第一代半导体材料 Si 和 Ge 奠定了计算机、网络和自动化技术发展的基础。第二代半导体材料砷化镓（GaAs）和磷化铟（InP）奠定了信息技术的发展基础。而目前正在快速发展的第三代半导体材料碳化硅（SiC）、氮化镓（GaN）、氧化镓（Ga_2O_3）、氮化铝（AlN）、金刚石（C）等，主要面向新一代电力电子、微波射频和光电子应用，在新一代移动通信、新能源并网、智能电网、高速轨道交通、新能源汽车、消费类电子、新一代显示等领域有广阔的应用前景，成为全球半导体产业发展新的战略高地。

集成电路的制造过程是非常复杂的，但又对精确性的要求非常高。要在晶圆这个小“舞台”上制作出微小的结构和元件，那涉及的加工工艺都是微纳米级别的！想象你站在一个足球场上，这个足球场的长度约为 100 米。如果将整个足球场缩小到 1 厘米长，这时可以想象你变成了这个场地上一个非常微小的球，这个球的直径大约是头发丝直径的 10 万分之一，这个微小的球就是我们说的“微米”级别，而“纳米”级别就更为细小。提到微纳米级别，能想到的都是细菌、细胞之类的词。要是有一点点小变化或者偏差，可能就会导致器件性能下降，甚至芯片都可能出故障呢。所以，制作过程的每一步都得被严格看管，这样才能保证制作过程既统一又可靠。也正因为如此，集成电路生产过程中用的那些材料和化学品就得有特定的化学性质，纯度要高，稳定性也要有保障，这样才能在特定条件下稳定地进行化学反应，成功得到芯片。

在集成电路生产中，每个制程步骤都有特定的“超级小助手”全力支持，来确保芯片的质量和性能。在不同的制程步骤里，这些辅助材料像一群默默守护的小卫士，让每个步骤都顺顺利利。比如说光刻胶和掩模版，在光刻这个奇妙的过程中，它们就像是神奇的魔法画笔，能画出微小的图案和结构。这些图案可是芯片上电路和元件的基础，而辅助材料能保证这些图案准确无误地画出来。

随着科技的发展，不同的芯片有了不同的性能要求。要满足这些要求，可以在生产过程中根据特定的化学反应来实现一些功能。像蚀刻剂和化学气相沉积材料，在制程中就像小向导一样，引导特定的反应，造出我们想要的结构和性能。在制程进行的时候，辅助材料是一个清洁小能手。它们可以去除晶圆表面的脏东西和氧化层，让制程干干净净、稳稳当当。到了电气连接和封装的时候，导电胶和封装材料就闪亮登场啦！它们能在芯片和封装之间搭起一座电气连接的小桥梁，还能在封装过程中保护芯片，就像给芯片穿上了一件坚固的保护衣，让它不受外面环境的影响。

而且有些制程需要特别的材料来满足特殊要求，比如超高温、超低温、高真空。这时候辅助材料就像勇敢的小战士，挺身而出，满足这些特殊环境的要求，让制程成功进行。辅助材料在制程中还能辅助创新、优化性能呢！就像在薄膜沉积的时候，用新型的化学气相沉积材料，就能让薄膜的质量和性能变得更好！

辅助材料的种类是多种多样的，涵盖了整个制造过程中的多个方面，从光刻和刻蚀到薄膜沉积和封装等。

那么辅助材料究竟有哪些呢？

不同的生产步骤所用到的辅助材料也不一样。下面，小芯会将各个制程阶段中所涉及的辅助材料“小帮手”逐一介绍给你哟！

7.1.1 晶圆制造阶段

在晶圆制造阶段中所需要用到的辅助材料有如下一些：背面涂层材料（backside coating materials）、掺杂剂（dopants）、清洗剂（cleaners）、化学气相沉积材料（CVD materials）、抛光液（polishing slurries）、陶瓷材料和掩模版（reticles/masks）等。

（1）背面涂层材料

在集成电路制造中，背面涂层材料（backside coating materials）充当着晶圆背面的“超级保镖”的角色，保护着晶圆背面免受刻蚀、化学处理等制程步骤的“攻击”。有了它，晶圆背面就不会被污染或者损坏啦。这种背面涂层材料的应用涉及很多技术和工艺。

首先说说涂覆技术吧，就像给晶圆背面穿上一件均匀的“保护衣”，常见的涂覆技术有旋涂、喷涂和滚涂等。这些技术能确保涂层既均匀又有适当的厚度。然后，热处理也很重要。为了让涂覆的材料在晶圆背面稳稳地形成一层保护膜，通常就得进行热处理。经过热处理，涂层材料就会固化、结合在一起，形成我们想要的性能。刻蚀技术像给晶圆背面做个小“雕刻”，去除一部分材料，这样在后续步骤中就能进行特定的处理。刻蚀可以很精确地控制涂层的厚度和形状。在涂覆背面涂层之前，晶圆背面可能还需要进行表面处理。这就像是给涂层和晶圆背面之间搭个好“桥梁”，确保它们之间的黏附性和一致性。

选择合适的背面涂层材料也很关键！不同类型的聚合物、树脂、硅氧烷等都有可能被选中。我们得根据实际设计参数所需的保护性能和平整度来选择材料。而且在选择背面涂层材料的时候，还得考虑它特定的性能，像耐化学腐蚀性、耐高温性、机械强度等。这可能就需要调整材料的组分，让它的性能变得更棒。最后，在应用了背面涂层材料后，还得进行质量控制和测试。要确保涂层的质量、厚度和性能都达到预期标准，这样才能放心地进行下一步。

这些技术和工艺相互配合，就像一个强大的团队，确保在晶圆制造过程中背面涂层材料能成功应用，实现我们想要的保护和性能优化效果。

（2）掺杂剂

下面，我们讲讲集成电路制造中的神奇掺杂剂（dopants）吧！掺杂剂主要就是来进行掺杂这一操作。掺杂是实现低热导率的一种常见策略，它可以提供丰富的散射中心。其中，较重的掺杂剂总是带来较低的声子群速度和较低的热导率。这就像是给半导体材料施魔法，通过引入少量特定类型的离子，就能改变半导体材料的电学性质。掺杂剂通常是一些化学元素，它们能改变半导体材料的电子浓度和电荷状态，进而影响器件的电性能呢。比如可以在晶圆中引入特定离子，让硅有不同的电学性质，形成 N 型或 P 型区域。图 7-1 所示为半导体材料掺杂原理示意图。

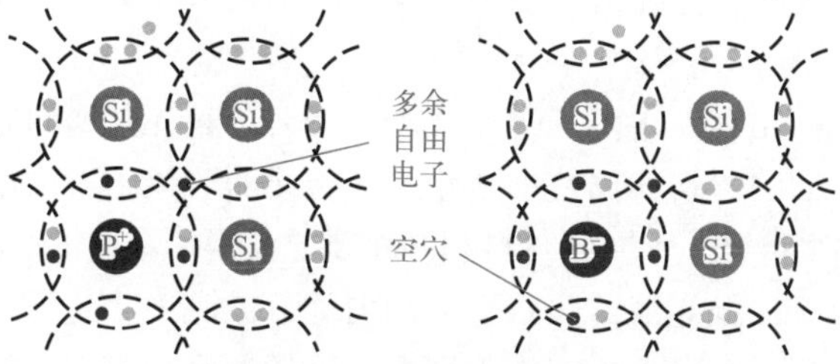

图 7-1　半导体掺杂原理示意图

掺杂剂在集成电路制造中会用到很多技术和工艺，来实现对半导体材料的精确掺杂，从而调节电学性能。

首先说说离子注入（ion implantation），这是一种非常常用的掺杂技术。离子注入自 20 世纪 60 年代末至 70 年代初广泛应用于半导体掺杂，成为大规模集成电路现代化工业生产的关键技术。在 20 世纪 80、90 年代，离子束开始用于表面分析、合成和改性，此技术被视为改变聚合物电学、光学、磁性和力学性能的有效方法。通过将离子束注入半导体材料中，实现对特定位置的离子束掺杂，将离子束看作箭，射进半导体材料里，这样就能对特定位置进行离子束掺杂啦。离子注入可以把剂量和深度控制得特别精确，非常适合制备高性能的晶体管和其他器件。气相掺杂（gas phase doping）是将掺杂物质以气体的形式引入反应室，让它在晶圆表面反应并进行掺杂。这样在制程中就能实现细致的掺杂控制。近年来，黑磷（BP）以其优异而独特的物理化学性质在场效应晶体管、光 / 电催化、太阳能电池、储能器件等领域不断取得新的进展。另一种掺杂方式是扩散（diffusion），将掺杂物质通过高温处理，让它在半导体材料里扩散和分布。在高温下，掺杂剂可以改变材料的掺杂浓度分布。还有熔融刻蚀（melt annealing）技术，在半导体材料上施加高温，让表面熔化，把掺杂物质带进晶体里。这种方法适用于一些特定的材料和制程。

另一种技术是分子束外延（molecular beam epitaxy，MBE）。这是在超高真空环境下生长晶体层的技术，其控制分子束，让半导体材料在表面上沉积。在这个过程中，还能同时掺杂材料，实现特定的电学性能。磁掺杂（magnetodoping）是一种新兴技术，其利用外加磁场引导掺杂物质定向掺杂，就像有个小导航一样，这种技术能实现更高程度的掺杂定向性。还有多晶硅掺杂技术，在多晶硅制造中，掺杂剂可以直接加进多晶硅材料里，改变它的电学性能，在太阳能电池等应用中发挥大作用。

这些技术在掺杂过程中都各有千秋。选择合适的掺杂技术需要根据掺杂的目的、材料和制程要求。在集成电路制造中，掺杂技术是实现精密器件制备和性能调节的关键步骤之一。

（3）抛光液

抛光液（polishing slurries）也是集成电路制造过程中很关键的辅助材料。它的主要任务就是把晶圆的表面打磨平整。这抛光液就像是一种神奇的化学药水，通过机械和化学的双重作用，进行精细加工，把晶圆表面不需要的材料一点点去掉，让晶圆表面变得超级平坦。比如说，铝合金表面直接平坦化的加工方法主要有机械抛光、化学抛光、磁流变抛光和化学机械抛光等。制造芯片上的平坦结构、互连线、层间绝缘层的时候，它就派上大用场啦。在化学机械抛光（CMP）的过程中，铝合金表面所形成的薄膜将会直接影响到单磨粒与铝合金表面的纳米摩擦化学行为，表面薄膜的厚度及其组分是抛光过程中单磨粒纳米摩擦化学行为的重要影响因素，表面薄膜的摩擦与磨损取决于其厚度与构成组分，从而能把晶圆表面弄得平平整整，可厉害啦！

这抛光液的制作和使用涉及很多先进的技术和工艺。首先是磨料选择，这种材料是包含在抛光液之内的，这里面的磨料就像是小砂轮，在抛光的时候负责磨削晶圆表面。选对磨料的类型、大小和硬度也很重要，不同的材料和制作要求就得用不同的磨料来抛光。

接着是磨料分散，好的抛光液需要将磨料均匀地分散其中，这样在磨料时才能均匀地接触晶圆表面，不然可就不平整啦。还有成分调控，就像调魔法药水一样，可以根据要抛光的材料、要求和目标，调整磨料、溶剂、界面活性剂等配方，争取达到最好的抛光效果。pH 值调节也很重要，通过调整抛光液的 pH 值，就能控制抛光的速度、表面平整度和材料去除的速度。抛光液的流变性可以影响抛光的均匀性和稳定性，所以通过调整流变性可以让抛光液在抛光的时候分布得更均匀，流动性更好。抛光工艺的参数设置也不能马虎，像抛光时间、压力、速度这些，都要根据实际情况调整，才能得到想要的平坦度和去除量。使用折射率测量在线检测装置，能实时监测抛光液的质量、均匀性和效果，发现问题马上调整工艺参数。最后，选抛光液的时候还要考虑环保性能，可不能给环境带来太大的影响。这些技术在抛光液的制备和使用过程中都是关键角色，能保证抛光过程稳定、均匀又高效，让晶圆表面变得美美的。

7.1.2 光刻和图案定义阶段

在集成电路制造中另一个神奇的阶段是光刻和图案定义，涉及很多辅助材料！首先就是光刻胶（photoresist），它就像一个神奇的魔法材料，能把图案从神秘的地方“打印”到晶圆上；还有掩模版（reticles/masks），就像是集成电路的设计蓝图模板，超级精确；抗反射涂层（anti-reflective coatings）呢，是一个专职小卫士，专门减少晶圆表面那些捣乱的反射光；显影剂（developer）就像一个小魔法师，在光刻胶曝光后，把该留的和该去掉的部分分得清清楚楚；底层涂层（bottom anti-reflective coating，BARC）也很重要，它位于晶圆和光刻胶之间，既能减少反射光，又能让光刻胶牢牢地粘在晶圆上；最后还有制程控制材料，就像是一群小监督员，确保整个制造过程稳定又靠谱。这些材料一起努力，才能制造出集成电路呢！下面小芯将把一些神奇的辅助材料和相关的工艺技术详细介绍给大家。

（1）光刻胶

光刻胶（photoresist）可分为正性胶和负性胶，在集成电路制造过程中扮演着关键的角色，主要作用是作为图案传递的介质，帮助实现对芯片表面微细图案的精确定义，是一个神奇的图案搬运工。光刻胶的质量决定了集成电路的性能、成品率和可靠性，要实现高端光刻胶的国产化，需要突破技术瓶颈，以满足材料的工艺匹配性和质量可靠性。图 7-2 所示为光刻胶相关的关键技术。

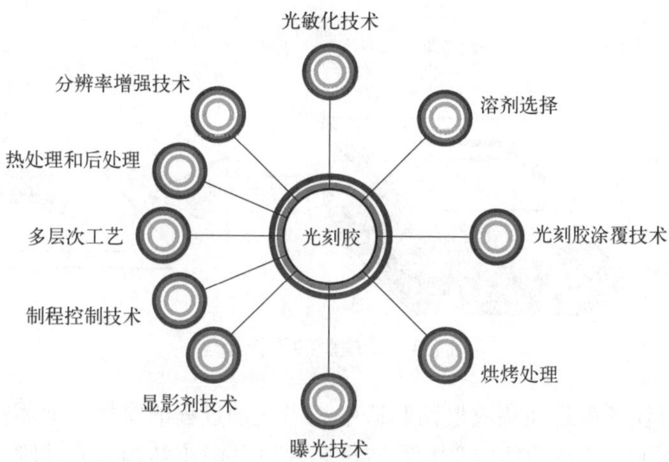

图 7-2　光刻胶相关关键技术

不同类型的光刻胶有着不一样的特性，能满足各种不同的制程需求。在光刻胶的制备和应用过程中，那也是充满了各种酷炫的技术。比如说光敏化技术，就像一个掌握物理化学的学霸，将两者综合运用让光刻胶在光照下发生物理或化学变化，从而形成漂亮的图案。溶剂的选择也很有讲究，选对了溶剂，光刻胶就能乖乖地粘在晶圆上，还能均匀地流动。光刻胶涂覆技术也很厉害，可以用旋涂、喷涂、滚涂等方式，让光刻胶在晶圆表面形成一层美美的薄膜。涂完后还要进行烘烤处理，让光刻胶变得坚固，就像给它来了个“强化升级”。曝光技术就像是一场光影魔术，通过曝光机器把掩模版上的图案投影到光刻胶上，这时候就要选好合适的光源，控制好曝光时间和强度。曝光完了，显影剂技术登场啦！用酸性或碱性的显影剂把光刻胶中受光照的部分去掉，露出我们想要的图案。

制程控制技术就像是一个严格的大管家，要精确控制光刻胶的性能，保证图案传递得精准。这可能涉及光源稳定性、温度控制、涂覆速度等好多方面呢。对于复杂的芯片结构，还会有多层次工艺，就像搭积木一样，在不同层次上重复涂覆、曝光和显影的步骤。热处理和后处理也不能马虎，光刻胶的热稳定性很重要，有时候还需要进行退火、烘烤等热处理。还有分辨率增强技术，能让光刻胶制造出更小的微细图案，就像近场光刻技术，简直太神奇啦！

光刻胶残留现象与薄膜的表面形貌密切相关。随着溅射功率的升高，薄膜表面晶粒长大，导致晶粒间隙增大。在光刻工序中，光刻胶填充在晶粒间隙中，后续的腐蚀及去胶工序也无法去除，从而导致光刻胶残留。降低溅射功率可以使薄膜表面晶粒大小均匀，减小晶粒间隙，解决光刻胶残留现象。

总之，光刻胶的制备和应用靠的就是这些五花八门的技术，它们齐心协力，实现图案的精确传递、分辨率控制和制程稳定性，结合具体的光刻胶类型、制程要求和设备特点，才能让光刻胶在芯片制造过程中成功大显身手呢！

（2）掩模版

掩模版（mask，也称为 photomask）在集成电路制造里可是起着关键作用呢！在光刻过程中，掩模版就像是一个神奇的透明画板，把预先定义好的微小图案投影到光敏材料（也就是光刻胶）上，如图 7-3 所示为掩模版的工作原理示意图，主要作用是将图形转移到半导体材料中。

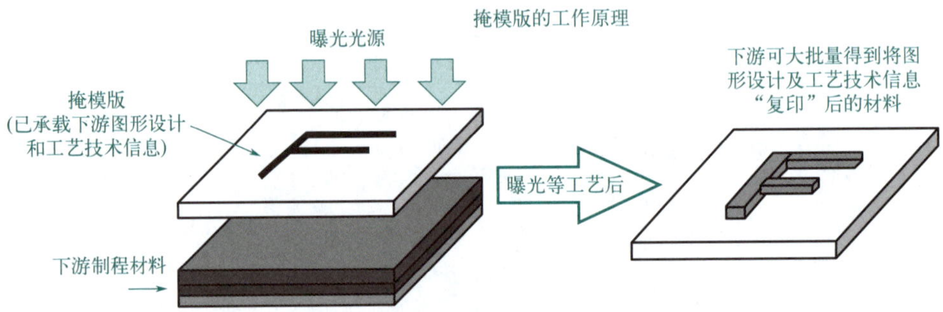

图 7-3　掩模版的工作原理

掩模版的主要任务就是在集成电路制造中充当光刻过程的模板，把那些超小的图案准确地投影到光敏材料上，这样才能定义和制造出芯片里的微小结构和元件哦。为克服传统制备半导体场效应晶体管（FET）过程中存在的材料损伤、对准精度受限、电极转移难度大和成本高昂等缺陷，提出了一种基于柔性掩模技术的半导体 FET 制备方法。它的精度和质量那可太重要啦，简直可以决定芯片制造的成败呢！要是掩模版出了点小差错，那整个芯片制造可能就会乱了套。所以，掩模版可得精心制作，保证高质量，这样才能让芯片制造顺利进行，创造出那些超级厉害的集成电路。

掩模版的制作可真是不简单呢！这里面包含了好多厉害的技术和工艺，目的就是做出超精确的微细图案。先说说电子束光刻（e-beam lithography）吧，就好像是用一支神奇的电子笔直接在掩模版上画画一样，它的分辨率超高，特别适合制作那些复杂又微小的掩模版。光刻投影（photolithography）也很厉害，用特定波长的光线穿过掩模版，再投影到光敏材料上，就像变魔术一样制造出掩模版上的图案。而且在制作大批量掩模版的时候，光刻投影经常被用到。电子束雕刻（e-beam direct write）是用电子束直接在掩模版表面雕刻，能做出小批量的高分辨率掩模版。

要是想做出更复杂的图案，还会用到多重层次工艺，就像搭积木一样在掩模版上叠加不同的图案层，每一层都有自己独特的功能和要求。为了防止反射光线捣乱，抗反射涂层就派上用场啦！它在掩模版表面形成一层特殊的涂层，让反射光的影响大大减少。补偿技术也很重要哦，制造过程中可能会有一些因素影响图案的精确性，这时候补偿技术就通过数学计算来纠正这些影响，确保图案的精准。制造完成后，掩模版还得经过严格的质量检验呢，可能会用到光学检测、电子显微镜观察等技术，保证图案既准确又有高质量。最后，掩模版的表面也需要好好处理一下，比如清洁、抗黏附处理等，这样才能确保图案的精确性和光刻效果。

总之，掩模版制造真是个技术活，这些技术和工艺得结合制程要求和设备特点，才能做出高质量、高性能的掩模版，为芯片制造提供超准确的图案模板。

（3）显影剂

显影剂（developer）在光刻过程中起着关键作用，包括图案形成、图案传递和显影速率控制等。在印刷预印环节，已经曝光的常规热敏版需要经过显影剂的显影才能印刷，显影剂在洗去版材非图文部分时会有残留，版材显影过程中残留物的形成会对印刷质量和效率产生不利影响。为解决版材显影残留物问题，有效措施包括显影后水洗、化学处理以及显影过程参数的修改。水洗方法虽然在去除物理残留物方面有效，但可能会对版材表面造成损害，影响印刷质量。化学处理旨在溶解或中和残留物，但必须谨慎配制，以避免损害图像区域或版基材料。总之，显影剂在光刻过程中的主要作用是去除光刻胶中暴露在光下的部分，从而在晶圆表面形成所需的微细图案。显影剂的选择和工艺参数对图案的质量、分辨率和制程控制具有重要影响。不同类型的光刻胶可能需要不同类型和特性的显影剂。

显影剂其实就是在光刻过程中用来去除光刻胶中曝光部分的化学物质。它的制备和应用那也是充满了各种技术和工艺。首先是化学配方，这可是超级关键呢！得设计出能和光刻胶暴露的部分发生化学反应，让它变得可溶。这就涉及不同种类的溶剂、酸、碱等成分的精心选择和组合啦。酸性显影剂主要负责去除光刻胶中受光暴露的部分，像氢氟酸（HF）这样的酸性物质就常常被用到。碱性显影剂呢，则是去除光刻胶中没受光的部分，比如氢氧化钠（NaOH）等碱性物质。

显影时间的控制也很重要哦，它决定了显影剂和光刻胶的反应程度和速率呢。控制好显影时间，就能实现图案的精确传递和制程的稳定。浓度控制也不能马虎，显影剂的浓度会影响显影的速率和效果。精确控制浓度，才能得到一致的制程结果。温度也会影响显影剂的反应速率。控制好显影剂的温度，就能调整显影速率，适应不同的制程需求。在芯片制造中，通常会用显影机器进行自动化显影。这些机器得控制好显影剂的浓度、温度、时间等参数，才能实现一致的显影效果（图 7-4）。显影完成后，还得把晶圆清洗一下，去除残留的显影剂。这就需要适当的清洗剂和工艺啦。而且呀，显影剂涉及化学物质的使用，还得考虑环保和安全问题呢，像废液处理、工作环境安全等方面都得重视起来。

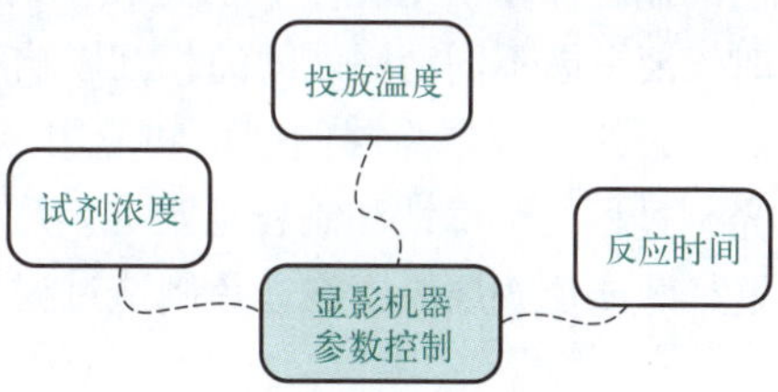

图 7-4 显影剂相关参数控制示意图

总的来说，显影剂的制备和应用涉及化学配方、反应原理、控制参数等好多方面的技术。这些技术得结合具体的光刻胶类型、制程要求和设备特点，这样才能确保显影剂在芯片制造过程中成功发挥作用。

（4）底层涂层

底层涂层（bottom anti-reflective coating，BARC）在集成电路制造中的主要作用是降低光刻过程中的反射光，让图案的传递更精确，分辨率更高。具体来说，底层涂层能降低反射光、增强对比度、提高分辨率，还能减少光照带来的副作用，并且能适应不同的材料。总之，底层涂层就是要在光刻过程中赶走反射光这个“小捣蛋”，让图案传递得更精准、分辨率更高、更清晰。而且呢，选择和设计底层涂层的时候得考虑光刻胶的类型、材料特性以及制程要求哦。

底层涂层的制备和应用那也是充满了各种各样的技术和工艺，如图 7-5 所示为底层涂层的制备流程。首先是化学配方，这可得好好考虑众多因素之间的关联，像材料的折射率、吸收特性、耐化学性等。要根据光刻胶的特性和制程要求，设计出最合适的底层涂层化学配方。材料的选择也很关键呢，底层涂层的材料通常是有机聚合物、无机化合物这些，它们都有特定的光学性质和化学特性。选对了材料，才能确保底层涂层发挥出好的效果。

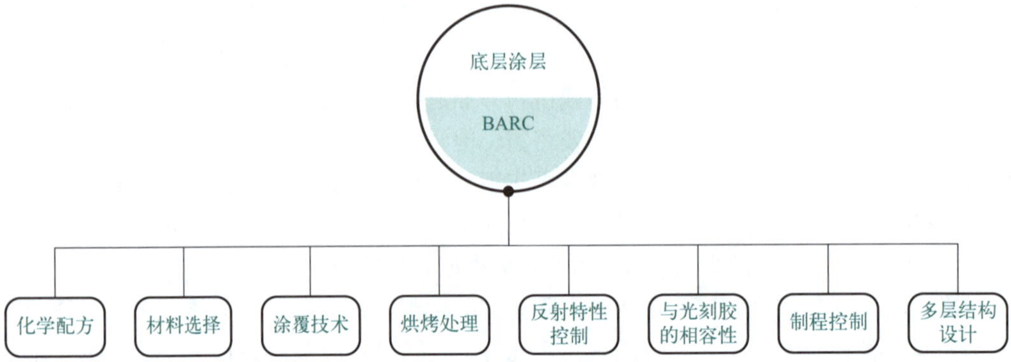

图 7-5　底层涂层的制备流程

涂覆技术也不能马虎，底层涂层要均匀地涂覆在晶圆表面才能降低反射光。旋涂、喷涂、滚涂等方法都可以用，得确保涂层既均匀又一致。涂完底层涂层后，还要进行烘烤处理，让它固化起来。这样能提高底层涂层的耐用性和稳定性。底层涂层的折射率和吸收特性会影响它降低反射光的效果哦。所以要通过调整材料配方和工艺参数，来控制底层涂层的反射特性。底层涂层还要和光刻胶相容才行，不能有不良的相互作用，这样才能保证光刻胶精确传递和定义图案。制程控制也很重要，底层涂层的涂覆厚度、均匀性、折射率等都要进行精确控制，这样才能得到一致的制程结果。在复杂的芯片制程中，可能还需要多层结构设计，来适应不同的制程需求。电化学方法是检测有机涂层失效机制的最有效的方法之一。设计多层结构的时候要考虑不同涂层之间的相互影响和光学特性。

总之，底层涂层的制备和应用涉及很多方面的技术和工艺，都是为了控制反射光，提高光刻过程的精确性和制程稳定性。这些技术要结合具体的光刻胶类型、制程要求和设备特点，这样才能让底层涂层在芯片制造过程中成功发挥作用。

7.1.3　刻蚀和清洁阶段

在集成电路制造的刻蚀和清洁阶段，也有一些超重要的辅助材料呢。其中，蚀刻剂（etchants）就像是一把神奇的“雕刻刀”，能精准地去除晶圆表面特定的材料，为芯片塑造出精细的结构。而清洗剂呢，则如同一位勤劳的“清洁工”，把制造过程中产生的各种杂质和残留物统统清理干净，让晶圆始终保持干净整洁的状态。这两种辅助材料相互配合，共同为集成电路的高质量制造保驾护航。

（1）蚀刻剂

蚀刻剂（etchants）作为一种化学物质，它的主要工作就是去除晶圆表面的材料。就像不同的锁需要不同的钥匙一样，不同的材料得用不同的蚀刻剂。比如干法刻蚀中，氟化氢气体就像是硅材料的“专属钥匙”，能对硅进行刻蚀；而湿法刻蚀里的氢氧化钠溶液则是金属刻蚀的好帮手。

化学配方是蚀刻剂的灵魂所在。因为不同材料的化学性质千差万别，所以要想有效地刻蚀，就得有针对性的化学配方。这就好比烹饪，不同的食材需要不同的调料组合。蚀刻剂可能会把酸、碱、氧化剂、还原剂等化学物质按照一定的比例和方式组合起来。与 HF 相比，HCl 和氟盐更温和、更安全，并且氟盐中的阳离子具有一定的插层效果，可以进一步减弱层间作用力，便于剥离。但是，不同的氟盐对材料的刻蚀程度和刻蚀结果有所不同，对后续的剥离和应用也都有一定程度的影响，所以选择合适的氟盐进行刻蚀有着相当的重要性。例如，对于一些复杂的合金材料，可能需要同时利用酸的腐蚀性和氧化剂的氧化作用来实现刻蚀。表 7-1 是小芯找来供大家了解一些具体配方的哟！

表 7-1 蚀刻剂具体配方、副产物及主要用途

被刻蚀材料	刻蚀物质	刻蚀副产物	用途
Si	NF_3，SF_6，CF_4，Cl_2，CCl_4，HBr	SiF_4（−86℃），$SiCl_4$（58℃），$SiBr_4$（154℃）	（绝缘）浅沟槽隔离（STI）、栅极
SiO_2（Si_3N_4，SiON）	CF_4，C_4F_6，C_4F_8，CHF_3，CH_2F_2，CH_3F	SiF_4（−86℃），CO（−191℃），CO_2（−57℃），HCN（26℃）	电子元件 / 金属接触部分
Al	Cl_2，BCl_3	$AlCl_3$（180℃，升华）	金属布线
Ti，TiN	Cl_2，CCl_4，	$TiCl_3$（136℃）	
W	NF_3，SF_6，CF_4，Cl_2	WF_6（19℃），WCl_4（337℃）	
PR（α-碳）	O_2，N_2	CO（−191℃），CO_2（−57℃），HCN（26℃）	掩模
Cu，Fe，Ni，CO，Pt	很难刻蚀	Cu_2Cl_2（1490℃），Cu_2F_2（1100℃）	金属

刻蚀速率受到蚀刻剂配方和制程参数的双重影响。如果刻蚀太快，可能会导致材料过度刻蚀，损坏芯片结构；如果刻蚀太慢，又会影响生产效率。所以，通过巧妙地调整蚀刻剂的组成，比如改变某种化学物质的含量，或者控制工艺参数，像刻蚀的时间、压力等，就能让刻蚀速率恰到好处，达到我们期望的制程结果。

在集成电路制造这个精细的过程中，有时候就像在一个“材料花园”里只修剪特定的花草一样，需要选择性刻蚀。这意味着只对特定的材料进行刻蚀，而让其他材料安然无恙。这可不是一件容易的事，往往需要特殊的蚀刻剂和精细的工艺控制。比如说，在一个既有金属又有半导体材料的结构中，要刻蚀金属而不影响半导体，就需要找到一种对金属有强刻蚀作用，对半导体几乎没有反应的蚀刻剂，并且要严格控制刻蚀的条件，比如温度、浓度等。

蚀刻剂的浓度对刻蚀的速率和效果有着直接的影响。想象一下，浓度高的蚀刻剂就像一群精力充沛的“小工匠”，工作起来速度快，但如果太浓，可能会过于“热情”，导致刻蚀过度；浓度低的蚀刻剂则像一群懒洋洋的"小工匠"，工作效率低。所以，精确控制蚀刻剂的浓度是非常关键的，只有这样才能保证每次刻蚀的效果都保持一致。

温度对于蚀刻剂来说，就像是给它打了一针"兴奋剂"或者"镇静剂"。蚀刻剂的反应速率会随着温度的变化而改变。温度升高，反应速率可能会加快，就像运动员在温暖的环境中能跑得更快一样；温度降低，反应速率则会减慢。所以，通过控制蚀刻剂的温度，就可以灵活地调整刻蚀速率，满足不同制程的需求。比如在一些高精度的刻蚀过程中，可能需要在较低的温度下进行，以确保刻蚀的精度。

在干法刻蚀这个特别的领域里，混合气体可是大明星。它们能产生等离子体，而这个等离子体就像是一个"魔法催化剂"，促使刻蚀反应发生。混合气体的组成和流量就像是魔法咒语的关键部分，是影响刻蚀效果的重要参数。例如，不同的气体组合可能会产生不同能量和活性的等离子体，从而对刻蚀的速率、选择性等产生巨大的影响。图 7-6 所示为等离子干法刻蚀不同效果示意图。在硅的湿法刻蚀研究中，硅与酸和碱均会产生化学作用。采用碱性腐蚀液会有金属离子残留及环境污染问题，基于硅部件对金属离子的严格要求，需要谨慎选择和使用碱性腐蚀液。

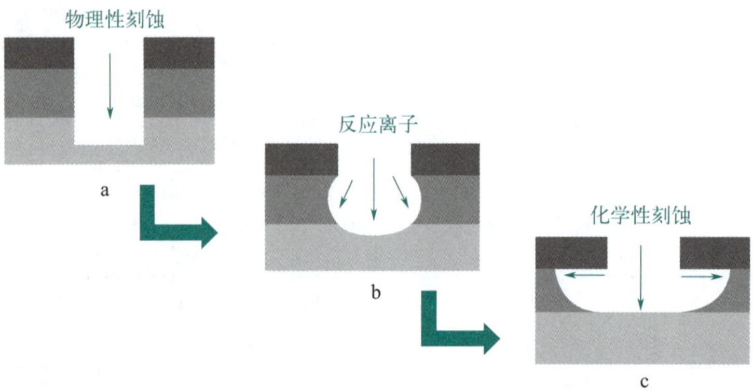

图 7-6　等离子干法刻蚀不同效果示意图

蚀刻剂在整个制程中要像一个"稳重的老手"，保持自身的稳定性。不稳定的蚀刻剂，就像一个情绪波动的工人，一会儿工作效率高，一会儿又因为化学反应速率的变化或者产生沉积物等问题而影响刻蚀效果。所以，要确保蚀刻剂在制程中能够稳定地发挥作用，就需要考虑各种因素，比如它自身的化学反应速率是否会因为外界因素而改变，会不会产生一些干扰刻蚀的沉积物等。

蚀刻剂完成自己的使命后，会留下废液。这些废液可不能随便丢弃，就像我们不能随意乱扔垃圾一样。因为蚀刻剂废液可能含有各种有害物质，所以需要按照环保法规和安全要求进行处理。这不仅是对环境负责，也是对整个制造过程的安全保障。

选择蚀刻剂就像是给特定的任务挑选合适的工具。要根据需要刻蚀的材料和刻蚀深度来决定蚀刻剂的类型。就像盖房子，打不同深度的地基需要不同的工具。比如对于硅材料，如果要刻蚀一定深度，氢氟酸可能是比较合适的选择，但如果刻蚀深度要求不同或者材料发生变化，就可能需要重新考虑蚀刻剂的类型了。

蚀刻剂的制备和应用就像是一场复杂的交响乐演奏，涉及多个方面的技术和工艺。这些技术就像乐队的各种乐器，需要相互配合，并且结合具体的制程步骤、材料类型和制程要求，才能演奏出一场完美的“芯片制造乐章”，确保蚀刻剂在芯片制造过程中成功地发挥作用。

（2）清洗剂

清洗剂（cleaners）在集成电路制造的舞台上，可是一位至关重要的“清洁大师”呢！在集成电路制造这个复杂的过程中，会有好多制程步骤。就好像在一个繁忙的工坊里，每一个环节都可能在晶圆这个“精密画布”上留下一些不想要的东西，像是污染物、化学残留物、氧化物之类的。而清洗剂的主要任务就是像一位细心的清洁工一样，把这些“垃圾”都清理掉，保证晶圆表面干干净净的。这样才能确保整个制造过程顺利进行，让芯片的性能稳稳当当，就像给芯片搭建了一个纯净的“舞台”。

这就像是一场化学魔法秀。化学溶解清洗是最常见的清洗技术。它会用各种各样的化学剂来对付晶圆表面的污染物和残留物。你可以把这些化学剂想象成不同的“魔法药水”，每一种都有自己的特长。比如，有的“药水”专门对付有机污染物，就像专门捕捉小怪兽的精灵一样；有的则对金属残留特别有效，能够把它们溶解并带走。

超声波清洗技术可就厉害了，就像在微观世界里制造了一场大规模“地震”。在清洗剂里，通过超声波产生高频振动，这时候就会出现好多微小气泡。这些小气泡就像一群小小的“清洁小精灵”，在液体里疯狂地蹦跶，引起剧烈振荡。当它们撞到晶圆表面的时候，就会产生冲击力，就像用小锤子轻轻地敲打一样，把污染物从表面敲下来，让它们乖乖地离开晶圆。与超声波不同，喷雾清洗技术则像是一场细腻的“小雨”。它会用高速喷雾把清洗剂均匀地洒在晶圆表面。这些清洗剂就像一个个小小的清洁士兵，通过喷雾的方式分散在晶圆表面的各个角落，就像给整个晶圆表面都铺上了一层清洁的“毯子”，把污染物都给覆盖住，然后带走。

化学气相清洗技术更像是一场神秘的“气体魔法”。气相清洗剂在特定的条件下，就像被施了魔法一样开始分解，然后和污染物发生反应。这就好比是魔法气体和污染物在进行一场“化学舞蹈”，最后污染物被带走，晶圆表面又恢复了干净整洁。

离子束清洗技术就像是用“离子炮弹”来清理战场。它利用高速的离子束，就像发射出一串串微小的炮弹一样，把晶圆表面的污染物击退。这种技术就像一个精准的狙击手，通常在需要高度精确清洗的地方大显身手，比如光刻掩模的清洗，因为那里就像芯片制造的“核心阵地”，容不得一点马虎。溅射清洗就像是一场“液体炮弹”的袭击。它把清洗剂通过溅射技术喷洒在晶圆表面，这些清洗剂就像小炮弹一样在表面产生物理冲击。这种冲击就像一阵狂风，把污染物从晶圆表面吹走，帮助晶圆恢复纯净。

超临界流体清洗技术可是一种高科技的清洁魔法。超临界流体在特定的温度和压力下，就像是一个拥有双重身份的小精灵，同时具备气体和液体的特性。在这种超临界状态下清洁晶圆表面，就像给晶圆做了一次超级清洁 SPA，清洁效果那可是相当高呢。

只有合理选择和运用这些技术，才能有效清洁。这些不同的清洗技术就像是一个装满清洁工具的工具箱，可以根据不同的制程要求和污染物类型来挑选合适的工具。在集成电路制造这个精密的过程中，清洗技术可是确保晶圆表面纯净度的关键一步，就像给芯片的品质上了一道保险锁。

7.1.4 薄膜沉积阶段

在薄膜沉积阶段，用化学气相沉积材料（CVD materials）等辅助材料作为“小助手”。

化学气相沉积材料（CVD materials）主要在化学气相沉积（chemical vapor deposition，CVD）工艺中大展身手。这个工艺就像是一个神奇的“薄膜制造工厂”，在高温和低压的环境下，让气态的化学物质发生反应，然后沉积在晶圆表面，形成一层薄薄的膜。化学气相沉积材料在这个过程中就负责生成具有特定性质、厚度和化学组成的薄膜层，满足不同器件和应用的各种需求。目前，人们已经开发出多种制备薄膜层的方法，其中化学气相沉积（chemical vapor deposition，CVD）法有利于大面积生长和器件化，逐渐成为主要方法之一。总之，它的主要作用就是通过化学气相沉积工艺在晶圆表面变出特定的薄膜，让芯片的性能和功能更上一层楼。图 7-7 所示为化学气相沉积法工作示意图。

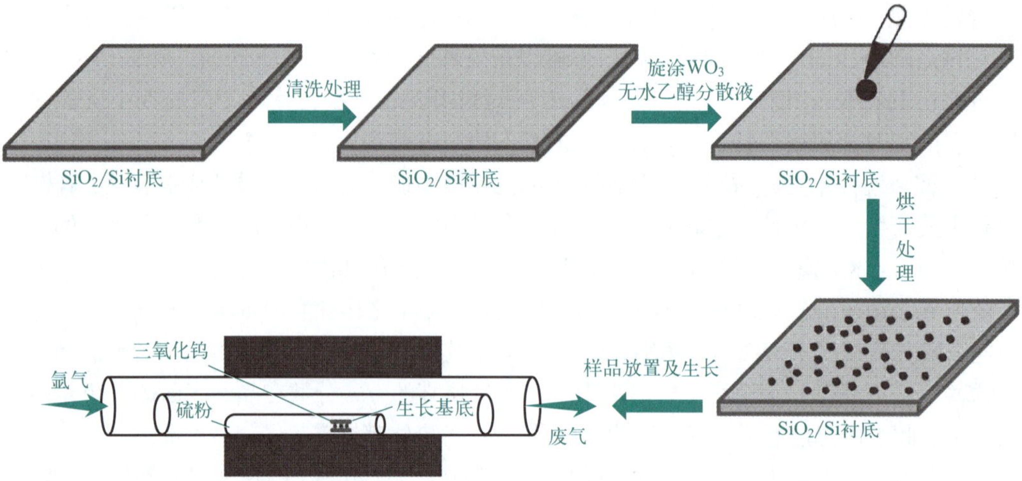

图 7-7　化学气相沉积法工作示意图

化学气相沉积材料的制备可是涉及好多厉害的技术和工艺呢。首先是前体分解，化学气相沉积材料通常是气态前体分子，它们在高温低压下通过热分解或者化学反应分解，就像变魔术一样生成反应产物，然后乖乖地沉积在晶圆表面。选择不同的前体分解技术，会影响薄膜的质量、均匀性和成分哦。反应机制控制也超级重要。要控制好化学气相沉积反应的机制，才能让薄膜顺利形成。这可以通过控制前体的供应、反应温度、气压还有反应室的设计来实现。比如说，有的工艺需要热平衡，有的则需要非热平衡条件。

气体输运系统也不能忽视，它负责把化学气相沉积材料输送到反应室。这就涉及气体分子的携带、稳定性和混合，要确保在反应中能稳定地提供前体物质。在进行化学气相沉积之前，晶圆表面要好好处理一下。适当的预处理，像表面清洗、表面激活、氧化或还原处理等，可以让薄膜在表面均匀沉积。

在化学气相沉积过程中，还要准确控制前体物质的供应、沉积速率和均匀性。可以通过调整气体流速、气压、温度等参数来做到这一点。为了得到想要的薄膜性能，可能还需要调整前体物质的组分、反应条件和生长速率呢。这可以通过研究薄膜的晶体结构、表面形貌、成分的分布等来实现。有些化学气相沉积材料在沉积后还需要进行后处理或退火，这样可以提高薄膜的结晶度、致密度和电学性能。

随着技术不断发展，研究人员还在不断寻找新型的化学气相沉积材料，以满足不同的应用需求。这就涉及新材料的设计、合成和评估啦。这些技术在化学气相沉积材料的制备过程中都起着关键作用，确保薄膜的质量、性能和一致性。不同的化学气相沉积工艺要根据薄膜的性质和应用需求进行适当的调整和优化，就像给不同的任务量身定制解决方案一样。

7.1.5 电路连接和金属化阶段

在电路连接和金属化阶段，金属膜沉积材料（metal deposition materials）和电镀材料（plating materials）就像是这个微观世界里的“建筑大师”，发挥着极其关键的作用。

（1）金属膜沉积材料

在集成电路制造这个精细复杂的领域中，金属膜沉积材料（metal deposition materials）可是关键的“建筑材料”，它们肩负着在晶圆表面打造金属薄膜的重任，就像是为集成电路的“交通网络”（电路连接）和“电力输送通道”（导电）添砖加瓦。而金属膜沉积的过程就像是神奇的微观建筑工程，有着各种各样的施工技术。

首先来介绍物理气相沉积（physical vapor deposition，PVD）技术，这是一种通过蒸发或溅射金属源，将金属粒子沉积在基片表面的技术。常见的 PVD 方法包括蒸发沉积和磁控溅射。蒸发沉积就好比是把金属源变成一个个微小的“建筑粒子”，然后让它们在合适的环境下自由地“飞”到基片表面，堆积成薄膜。想象一下，固态的金属在高温下就像冰块在太阳下融化成水蒸气一样，变成金属蒸气。这些金属蒸气会在基片上遇冷“凝结”，一层一层地形成薄膜。磁控溅射这种方法更像是一场微观的“粒子射击比赛”。用离子去轰击金属源这个“靶子”，被击中的金属粒子就像被弹飞的小碎片一样，溅射到基片表面。这些被溅射的金属粒子非常纯净，因为它们是直接从金属源上被“打”下来的。而且，通过巧妙地控制工艺参数，比如离子的能量、溅射的时间等，就可以让不同的金属材料在基片上形成薄膜，就像用不同的建筑材料建造不同风格的建筑一样。激光金属沉积（LMD）技术可同时实现输送粉末和聚焦激光能量，材料成型率高，能够显著提升材料性能和降低制造成本，具有广泛的应用前景。

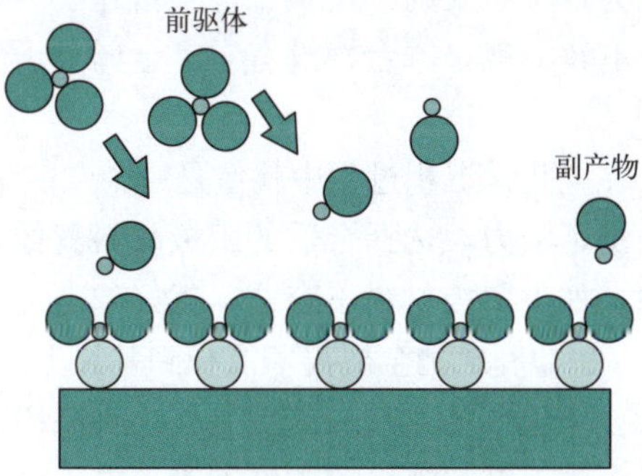

图 7-8 原子层沉积工作原理

原子层沉积（atomic layer deposition，ALD）技术是一种非常精细的薄膜沉积技术，精细到分子层面呢。它是通过交替的表面反应来进行的，就像是在基片表面一层一层地往上盖房子，每次只盖一层分子那么厚。图 7-8 所示为原子层沉积工作原理示意图。这种技术可以让薄膜的均匀性达到极高的程度，而且对薄膜的生长过程有很好的控制性，就像一个经验丰富的工匠，可以精确地控制每一层的质量。

热蒸发（thermal evaporation）是把固态金属源加热到足够高的温度，让它像水烧开变成水蒸气一样变成金属蒸气。然后这些金属蒸气就会在基片上沉积下来。虽然在集成电路制造中它不是那么常用，但在某些特殊的应用场景中，就像在一个小而精的建筑工程中，它还是能发挥自己的作用的。

光解沉积（photochemical deposition）这种方法就像是利用光的“魔法棒”来引发一场化学反应。用紫外线光源照射金属源气体，就像给气体注入了能量，让它们在基片表面发生反应并沉积下来。这就像在一个黑暗的房间里，打开紫外线灯，让特定的化学变化在光的引导下发生。磁控溅射则通过离子轰击金属目标，把金属粒子溅射到基片表面，能得到高纯度的薄膜。而且它就像一个万能的工具，适用于多种金属材料，不管是“性格活泼”的金属还是“稳重”的金属，都可以用它来沉积薄膜。

这些金属膜沉积技术就像一个装满工具的 “工具箱”，在金属膜沉积材料的应用中发挥着广泛的作用。每种方法都有自己的长处和适合的场景，就像不同的工具适用于不同的建筑任务一样。在集成电路制造过程中，需要根据想要的金属类型、薄膜的性能要求和具体的制程要求，从这个 “工具箱” 里挑选出合适的技术来完成金属膜的沉积工作。

（2）电镀材料

电镀材料（plating materials）在集成电路制造里可是相当关键的，就像是一位精细的微观 “艺术家”，在基片表面精心地绘制金属薄膜。

电化学沉积（electroplating）就像是一场在微观世界里的“魔法还原秀”。当我们在电解液中施加电流的时候，就像是给金属离子们注入了一股神奇的力量。这些金属离子就像一群小魔法师，在电流的驱动下，乖乖地在基片表面还原成金属原子，然后一层一层地沉积下来。这种技术能够达到高精度、高均匀性的金属沉积效果，这对于微电子器件制造来说，就像是给它们穿上了一层量身定制的精致“金属外衣”，完美地满足了连接电路和导电等各种需求。

电解液（electrolyte）在这个过程中可是个“小宇宙”呢。它里面包含了金属离子，这些金属离子就像是等待被召唤的“建筑材料”，还有添加剂和其他物质。这些成分共同维持着一个合适的电化学环境，就像为这个微观的“建筑工程”搭建了一个稳定的施工场地。如果把电化学沉积比作一场演出，电解液就是舞台，没有它，金属离子就没办法在合适的条件下进行沉积啦。

阳极（anode material）在电化学沉积过程中就像是一个“能量供应站”。它是电子流入电解液的地方，为整个反应提供了动力。选择合适的阳极材料就像是挑选合适的电源，只有这样才能保证稳定的电流传输。如果阳极材料不合适，就好像电源不稳定一样，整个电化学沉积的过程就会受到影响，没办法顺利地把金属离子沉积到基片上。

电化学沉积是个对精度要求极高的过程，就像制作一件高级的手工艺品。需要精确地控制各种工艺参数，比如电流密度、电解液组成和温度等。电流密度就像是建筑工人的工作速度，不同的电流密度会让金属离子沉积的速度不同，从而影响薄膜的厚度。电解液组成就像是建筑材料的配方，会影响沉积薄膜的质量。而温度呢，就像是施工的环境温度，对整个反应的速度和质量也有很大的影响。只有把这些参数都控制好，才能得到我们想要的薄膜厚度和均匀性。

在一些复杂的集成电路应用中，需要在基片上构建像千层饼一样的多层膜结构。这就像是建造一座多层的高楼大厦，每一层都有不同的功能。在不同的步骤中沉积不同的金属层时，就需要考虑不同金属之间的相容性和黏附性。就好比不同的建筑材料之间要能够很好地结合在一起，不然这座“高楼”就会不牢固啦。电化学沉积可不像简单地涂一层东西那么容易，它通常需要好几个工艺步骤。首先要对基片表面进行预处理，就像在画画之前要先把画布清理干净、打磨平整一样。然后才是沉积金属膜这个关键步骤。之后还要进行清洗，把多余的东西都清理掉，这样才能保证沉积薄膜的质量和性能。这些步骤像是紧密相连的齿轮，缺了任何一个，整个过程都没办法顺利进行啦。

选择合适的电解液和工艺条件就像是为金属薄膜进行“私人定制”。可以通过调整这些因素来改变薄膜的性能，比如电阻率、黏附性和晶体结构等。电阻率就像是金属薄膜的“电阻标签”，不同的电阻率会影响电流在薄膜中的传输情况。黏附性则决定了金属薄膜在基片上是否能牢固地附着，就像胶水的黏性一样。晶体结构就像是金属薄膜的“内部骨架”，会影响它的各种物理和化学性质。在这个高科技的制造过程中，我们也不能忽视环保和废液处理的问题。电化学沉积技术会产生废液，这些废液就像制造过程中的 “垃圾”。我们需要按照环保要求把它们处理好，这样才能保证整个处理过程的安全性和可持续性。

除此以外，还有退镀工艺。ABS 电镀制件表面的金属镀层在回收利用过程中较难去除，残留的镀层会使得 ABS 性能下降，因此在废旧电镀制件循环利用过程中必须将镀层去除。处理 ABS 电镀制件的方法主要有物理法和化学法。物理法先将电镀制件破碎成尺寸较小的破碎片，然后通过设备打磨清洗来去除镀层，该方法耗费时间长，且镀层残留多，镀层去除效率较低；化学法实际上是一个阳极腐蚀过程，镀层金属在阳极失去电子被氧化，然后在络合剂与电势作用下，扩散和电迁移，离开界面进入溶液本体，当镀层金属被完全氧化暴露 ABS 基体时，缓蚀剂及阳极极化作用使基体进入钝化状态，而不被腐蚀。

总之，电化学沉积技术在集成电路制造里就像一颗璀璨的明珠，通过精确的工艺控制和材料选择，能够实现高质量的金属膜沉积，完美地满足芯片制程的各种要求。

7.1.6 封装和测试阶段

在集成电路制造的神奇旅程中，到了封装和测试这个阶段呀，就会有特定的超厉害的小助手来帮忙呢！它们是封装树脂、焊料（solder materials）和导电胶（conductive paste）等。

（1）封装树脂

封装树脂（encapsulants/resins），它就像给集成电路穿上了一件坚固的“保护铠甲”，把芯片包裹得严严实实的，不让芯片宝宝受到外面的欺负，比如那些调皮的物理冲击呀、潮湿的湿气呀还有捣乱的灰尘等。而且呢，它还能当一个优秀的“绝缘小卫士”，让芯片的电气性能稳稳当当的。

先来看看环氧树脂（epoxy resins）吧，这可是一种很常见的封装树脂哦！它就像一个“绝缘小能手”和“机械大力士”的结合体，有着优异的绝缘性能和机械强度。它是通过把环氧预聚物和固化剂混合在一起，在固化的过程中形成坚固的结构，就像给芯片盖了一座坚固的小房子。环氧树脂由于自身的粘接性、耐腐蚀性以及优异的电性能而广泛用于 LED 的封装。硅酮树脂（silicone resins）也很厉害呢！它有着超强的耐高温性能，在高温环境下也能稳稳当当的，就像一个不怕热的“小勇士”。所以呀，在那些要求高温稳定性的封装应用中，硅酮树脂常常大显身手。

聚酰亚胺树脂（polyimide resins）也不甘示弱，鉴于它的绝缘性和耐高温性能，特别适合在高温环境和有特殊封装需求的时候出场，就像一个专门解决难题的“小专家”。封装胶（encapsulant gels）呢，是一种软软的树脂材料，就像一个温柔的“小垫子”。它通常用来填充封装空间，然后固化起来，给芯片提供振动和冲击的吸收，保护芯片免受机械应力的伤害。

微胶囊树脂（microencapsulated resins）也很神奇哦！在固化的过程中，它会释放出小颗粒，就像一群小精灵在帮忙，让树脂在封装过程中更均匀地分布，这样就能提高封装材料的性能和可靠性啦。UV 固化树脂（UV-curable resins）也有自己的独特之处呢！它可以通过紫外线辐射来固化，速度很快适用于特定的封装需求。

还有双组分树脂，就像两个好朋友要一起合作才能发挥出最大的力量。在使用前要把两种组分混合起来，然后在特定的工艺条件下进行混合和处理。封装树脂的应用还涉及特定的封装工艺哦，比如注塑封装、涂布封装等。不同的工艺就像不同的游戏规则，可能需要不同的封装树脂材料来配合。大多数封装树脂还需要通过热固化来形成稳定的结构，就像烤蛋糕一样，需要特定的温度和时间。不过，不同的树脂种类和制程要求，需要的温度和时间也不一样。

封装树脂的选择可不是一件简单的事情哦，要考虑好多因素，比如封装要求、温度稳定性、力学性能等。不同的封装树脂材料和技术就像不同的工具，可以满足不同类型的集成电路封装需求，就看你怎么挑选啦！

（2）焊料

这焊料（solder materials）呀，就像是一座连接芯片和外部电路的神奇“桥梁”。在封装的时候呢，它把芯片的小引脚和封装基板上的电路紧紧地连在一起，让电流能够欢快地跑起来，实现电气导通。焊料的质量很重要，要是它不靠谱，这连接就不牢固，就会影响整个电路的稳定。不同的焊料材料，像锡 - 铅焊料呀、无铅焊料呀，都有自己独特的本领，比如不同的熔点、不一样的导电性和力学性能，得根据封装工艺和具体的应用场景来挑选最适合的焊料。

现在来看看焊料都有哪些厉害的技术吧。

首先是锡 - 铅焊料（Sn-Pb solder），这可是传统的焊料界“老大哥”呢！它是由锡和铅组成的，就像一对配合默契的好伙伴。它有低熔点的特点，稍微加热一下就会熔化。而且它的流动性很好，就像水一样可以到处流淌，能让焊接的过程顺顺利利的。它的焊接性能也很可靠，就像一个值得信赖的小卫士，牢牢地守护着连接点。不过呢，因为铅这个家伙会带来环境和健康方面的问题，所以在好多应用里，它就像一个被“退休”的老员工，渐渐被其他焊料取代啦。

接下来是无铅焊料（lead-free solder），这可是现在的“环保小明星”呢！在无铅焊料中，低银 SAC 无铅焊料具有韧性好、抗跌落和抗热冲击性好、原材料成本低等优点，受到国内外学者的关注。因为大家越来越关注环保和健康，无铅焊料就逐渐崭露头角，把锡 - 铅焊料的风头都抢了不少。像锡 - 银 - 铜系列、锡 - 银系列、锡 - 铜系列这些无铅焊料都是常见的“选手”。它们就像一群坚强的小战士，有着较高的熔点，但是可靠性一点也不差，能很好地完成连接任务。

焊料丝（solder wire）也是焊接过程中的重要“工具”呢。在焊接的时候，它就像一根小小的魔法棒，被加热后就熔化，开始施展它的连接魔法。选择焊料丝就像挑选合适的魔法棒一样，要根据焊接的需求、焊接方法还有焊点大小这些因素来决定。焊膏（solder paste）呢，是一种黏黏的焊料，就像一团浓稠的果酱。它是由焊料粉末和流动性助剂组成的，这就像果酱里有果肉和让果酱更好流动的添加剂一样。它在表面贴装技术里可是大明星呢，专门负责把电子器件和印刷电路板连接起来，就像一个小小的“黏合剂”，让它们紧紧地贴在一起。还有焊料球（solder balls），这可是一群微小的“连接小精灵”。它们通常用在芯片级封装的球栅阵列连接里。就像在芯片引脚上提前放好一群小种子，然后通过热压，让它们熔化，就像小种子发芽长大一样，把连接建立起来。

焊料的应用可离不开特定的焊接工艺哦，就像不同的魔法需要不同的咒语一样。像手工焊接、波峰焊接、回流焊接这些焊接工艺，每一种都需要合适的焊料类型和准确的工艺参数，这样才能让焊接过程完美无缺。不同的焊接工艺和焊料类型还会产生不同形态的焊点呢，有的是像小盘子一样的焊盘，有的是像小球一样的焊球，就像用不同的模具做出不同形状的小饼干一样。焊料的热性能对焊接过程和焊点的可靠性那可是至关重要的，就像一个小火炉的温度对做饭成功与否很关键一样。所以需要通过热分析来好好评估一下，看看这个小火炉的温度是不是合适。

总之，焊料的选择就像挑选合适的交通工具去旅行一样，要根据焊接应用的要求，像是焊接材料啦、焊接方法啦、环境要求之类的来决定。而且随着电子器件越来越高级，制程要求越来越高，焊料技术也在不停地进步。

（3）导电胶

导电胶（conductive paste）就像是一条灵活的“导电纽带”，在一些特别的封装应用里，它可以代替焊料出场，把芯片和外部电路连接起来。它的导电性能可棒啦，而且还很有柔韧性，就像一个柔软的小弹簧，能适应各种复杂的封装结构，在那些对机械应力很敏感的应用场景里大显身手。

现在来看看导电胶都有哪些奇妙的技术吧。首先是导电性粒子，它们可是导电胶里的大明星呢。像银粒子、铜粒子这些小家伙，就像是一个个小小的导电小精灵，能够提供电子传导的路径，让电流可以欢快地跑来跑去，从而建立起电连接。还有导电性助剂，它们就像是给导电胶施了魔法的小助手。为了让导电胶的导电性能更厉害，流动性更好，就会添加像导电碳纳米管、导电纳米颗粒这些神奇的东西。它们就像超级小助手，让导电胶变得更强大。导电胶的基体材料通常是聚合物树脂，这就像是导电胶的 “家”。它给导电胶提供了胶体的黏性和流动性，让导电胶可以黏在电子元件上，同时还能保障导电性粒子安安稳稳地待在里面，不会乱跑。

流变性也很重要哦。导电胶需要在施加压力或者填充间隙的时候，表现出合适的流动性。就像水流一样，能够流到需要的地方去，确保导电性粒子可以填满连接的表面，让连接更加完美。黏度控制也不能马虎呢。导电胶的黏度要适合特定的应用场景，这样在填充间隙或者涂覆电子元件的时候，才能均匀地分布，不会这里厚那里薄。热固化是导电胶的一个重要环节。通常导电胶需要通过加热来固化，就像烤蛋糕一样，在固化的过程中，基体材料会聚合起来并且固化，而导电性粒子也会形成导电路径，让电连接更加稳定。

导电胶的应用方法也很多样哦。可以通过印刷、涂覆、喷涂等方式把导电胶应用到电子元件上。不同的应用方法就像不同的绘画技巧，可能需要不同的导电胶配方和工艺参数。最后是导电性能，这可是直接影响连接质量的关键因素哦。需要通过测试和评估来确保导电胶满足要求，就像给学生考试一样，看看导电胶这个“学生”有没有学好导电这门课。

导电胶的选择和使用可不是一件简单的事情呢，会受到好多因素的影响，比如应用要求、导电性能、流变性能、耐热性能等。就像选衣服一样，要根据特定的场合和需求来选。根据特定的应用需求，可以选择合适的导电胶材料和工艺，让导电胶在电子世界里发挥出最大的作用。

7.1.7 包装和测试阶段

在集成电路制造的包装和测试这个关键阶段，有两种重要的辅助材料就像“幕后英雄”一样发挥着巨大作用，它们就是封装材料（packaging materials）和测试介质（testing mediums）。

（1）封装材料

封装材料在集成电路的世界里，就像是芯片的“全能保镖”，既要保护芯片这个“小宝贝”，又要照顾好连接线路，还要提供机械支撑和保护呢。这里面涉及的技术就像一个装满宝藏的魔法盒子，让我们来看看都有什么吧。

塑料封装（packaging materials）就像是给芯片穿上了一件“塑料防护服”。这可是最常见的封装技术啦。想象一下，用柔软又坚韧的塑料材料把芯片包裹在一个塑料外壳里，就像把一个珍贵的小物件放在一个特制的塑料盒子里。这个塑料外壳不仅能防止芯片受到外界的碰撞和损坏，还能把芯片的引脚连接好，让它们可以和外面的世界顺利沟通呢。

金属封装（metal packaging）就像是为芯片打造了一个“金属堡垒”。这种封装方式会使用金属外壳来保护芯片，一般在高功率应用的时候就会用到它。这是因为高功率的芯片工作的时候会产生很多热量，就像一个小火炉一样，金属外壳可以更好地散热，而且金属的机械强度也很高，能为芯片提供更坚固的保护，让芯片在强大的能量下也能安然无恙。

陶瓷封装（ceramic packaging）呢，就像是给芯片盖了一座“陶瓷小宫殿”。陶瓷材料制成的封装可以提供非常棒的耐高温性能，就像一个不怕火的小城堡，而且封装的稳定性也很好。芯片在这个陶瓷小宫殿里，就像住在一个冬暖夏凉、坚固无比的房子里一样。

封装基板（substrates）就像是芯片和外部世界之间的“桥梁枢纽”。它通常是由陶瓷、塑料或者金属制成的，连接着芯片和外部的连接部分。就好比是一个交通枢纽，把芯片这个“城市”和外面的“世界”紧密地联系在一起，让各种信号和能量能够顺畅地传输。

封装胶（encapsulant）就像是芯片和连接线路的“贴身小棉袄”。它是一种用来保护芯片和连接线路的材料，能提供绝缘性，就像一个小小的绝缘卫士，防止电流乱跑。同时，它还能给芯片提供机械支撑，让芯片在各种环境下都能稳稳地待在那里。

封装材料的应用就像一场精心编排的舞蹈，需要特定的封装技术来配合。比如表面贴装技术（SMT）、球栅阵列封装（BGA）、无引线封装（CSP）等。这些技术就像是不同的舞蹈风格，每种风格都有自己的特点，能让封装材料和芯片以不同的方式完美结合。

封装材料还得是个“散热小能手”。它需要有良好的热性能，就像一个能调节温度的小空调。芯片在工作的时候会产生热量，如果热量散不出去，芯片就会像在热锅里的蚂蚁一样难受。所以要通过热分析来确保封装材料可以让芯片在工作过程中散热良好，保持稳定的性能。

封装材料的性能可不是自己说了算的，还得通过各种测试来验证，就像运动员要参加比赛来证明自己的实力一样。像机械强度测试、热循环测试等都是对封装材料的考验，只有通过这些测试，才能证明它是一个合格的“保镖”。封装材料还要是个“环保小卫士”，要符合环保要求。而且不管是在寒冷的北极，还是炎热的沙漠，或者是潮湿的雨林环境下，都要保持稳定，就像一个无论在什么环境下都能坚守岗位的忠诚卫士。

不同的封装材料就像不同性格的小伙伴，需要适应不同的封装工艺。这个过程包括材料的选择、应用和固化等步骤，就像给小伙伴们安排不同的任务，让它们发挥自己的优势，把芯片封装得漂漂亮亮、结结实实的。

封装材料的选择和应用就像挑选合适的工具来完成一项复杂的任务，会受到很多因素的影响，比如芯片的性能需求、封装要求、环境条件等。不同的封装材料和技术就像不同的工具套装，可以满足不同类型芯片的封装需求，让每个芯片都能找到最适合自己的“保护壳”。

（2）测试介质

测试介质（testing mediums）在集成电路制造里，就像是芯片的“健康检查官”，专门用来测试芯片、电子元件和器件的性能呢。它就像一个超级工具包，里面有各种各样的工具和技术，能帮助我们评估这些电子器件的质量、可靠性和性能。

探针卡具（probe cards）就像是一个小小的“电气触角”设备。它上面有许多微小的探针针脚，这些针脚就像一个个小手指，可以和芯片的引脚进行电连接。它就像一个能和芯片“牵手” 的小精灵，而且这个小精灵还很厉害，可以适应不同封装类型和各种各样的测试要求，不管芯片是“穿”着塑料封装的“衣服”，还是“住在”金属封装的“堡垒”里，它都能准确地和芯片连接，检测芯片的电气特性。

测试引线（test leads）就像是连接测试设备和被测试器件的“信息高速公路”。它们是一根根导线，负责传输电信号和数据。就像高速公路上的车道一样，这些测试引线需要有稳定的电气性能，不能让信号在传输过程中“迷路”或者“堵车”，还要保证可靠的连接，就像高速公路的连接要牢固一样，这样才能让测试顺利进行。

测试夹具（test fixtures）就像是一个“芯片定位小助手”。它是一种用来保持和定位被测试器件的装置，就像给芯片找了一个专属的“座位”，让芯片在测试的时候能够乖乖地待在正确的位置上。这样就能确保测试的准确性和一致性，就像拍照的时候要把镜头对准一样，不能让芯片在测试的时候“乱跑”，影响测试结果。

测试杂质（test impurities）是一个比较特别的部分。在一些测试中，会向芯片或器件中引入一些特定的杂质，这就像给芯片创造一个“模拟战场”。这些杂质可以模拟特定环境下的性能情况，比如芯片在受到一些污染或者特殊环境影响下的性能变化，就像让战士在模拟的恶劣环境中训练，看看他们的反应一样。

测试电源和信号发生器这两个设备就像是芯片测试的“能量站”和“信号工厂”。测试电源就像一个充电宝，给芯片提供能量，让芯片能够“动起来”。信号发生器则像一个信号魔法师，能模拟各种信号，激励被测试器件，然后记录它们的响应。就像给芯片出各种难题，看看它怎么回答一样。测试软件就像是整个测试过程的“大脑”。它可以控制测试设备，就像大脑指挥身体一样，还能收集数据和分析测试结果。它把从各个测试工具那里得到的信息收集起来，像一个聪明的小侦探一样，分析出芯片到底有没有问题，性能好不好。

在芯片封装测试的时候，封装材料和测试介质就像一个“隐藏的变量”。它们可能会对测试结果产生影响，就像一个小偷偷走了或者改变了一些测试信息一样。所以在考虑测试介质的时候，也要把封装材料考虑进去，就像在调查一个案件的时候，要把所有可能的线索都找出来一样。

有些测试就像一场“环境冒险”，需要在特定的环境条件下进行，比如高温、潮湿、振动等。这时候就需要相应的环境模拟设备和介质，就像搭建一个小小的模拟世界一样。比如模拟高温环境，看看芯片在炎热的沙漠里会不会“中暑”；模拟潮湿环境，看看芯片在雨林里会不会“受潮”。

测试介质的选择和应用就像挑选合适的医疗设备来给病人做检查一样，取决于被测试器件的类型、测试要求和环境条件。只有通过合适的测试介质，才能像一个经验丰富的医生一样，准确地评估电子器件的性能和可靠性。

7.2 集成电路辅助材料方向对从业者的技术要求

嘿，集成电路辅助材料这个需要先进科技的领域，那可真是一个充满挑战和机遇的奇妙世界。

感觉这里面肯定有好多厉害的岗位吧。

没错！这里面的每个岗位就像一台精密仪器里的各个部件，都超级重要，大家一起合作才能让这个行业向前跑呢。要是给这些岗位按照职能和责任划分一下，那可有好多类别呢，像研发岗位、工艺岗位、应用与支持岗位、质量与测试岗位、市场与销售岗位、环境与健康安全岗位、项目管理岗位等。

哇，这么多呀！小菜小菜，快给我讲讲这些岗位里的人都干些啥，还有他们得会些啥本领吧。

随着集成电路技术的不断发展，对辅助材料的需求也会越来越大，而且对质量和性能的要求会越来越高。所以啊，集成电路生产辅助材料这个方向有着非常广阔的发展前景。未来会有更多的科研力量投入到这个领域，去研发更高质量、更先进的辅助材料。我刚刚入行，让经验丰富的工程师老高带领你探索一下集成电路生产辅助材料的世界吧！

7.2.1 研发岗位

咱们先从研发岗位说起。这个岗位就像是一群“魔法师”和“建筑大师”呢。里面有材料研发工程师、化学工程师和材料科学家等，他们整天琢磨着怎么开发新的辅助材料。他们得懂好多化学、物理、材料科学的知识，就像拥有魔法咒语一样，用这些知识来设计和合成有特殊性能的材料。

（1）材料研发工程师

材料研发工程师就像个神奇的创造者。他们要在集成电路辅助材料方向上开发新的材料，让现有的材料变得更厉害，还得研究这些材料能在哪用。要干好这个活儿，得有不少本事呢。

哦？都有啥本事？

那让我好好讲一讲吧!

首先要有扎实的材料科学和化学知识，就像有一本魔法宝典，知道不同材料的特点、结构和用途。然后还得会用各种厉害的仪器和技术分析材料性能，比如扫描电子显微镜就像个超级放大镜，能看清材料的微观世界；能谱分析像个小侦探，能找出材料里的各种元素；X射线衍射就像一把神秘钥匙，能解开材料结构的秘密。

实验技能也不能少，要会设计实验，动手操作也得稳稳当当，还能把实验数据整理分析好。还要了解各种材料制备方法，比如化学合成、溶液制备、热处理啥的。而且要会优化材料制备过程，提高材料性能和质量。会用计算机辅助工具进行材料性能模拟和建模也很牛，可以预测材料的性能。要有创新思维，能提出新的材料概念和应用。遇到问题能解决，和团队成员合作好，把材料开发项目往前推进。还要会把复杂的科学技术内容讲给非专业人士听，要是有领导力就更好啦，可以领导小组或者指导实验人员。

（2）化学工程师

化学工程师就像是化学反应的指挥官。他们在集成电路辅助材料方向上要设计和控制化学反应过程，确保材料制备顺利，性能达标。也得有一系列化学和工程技术方面的知识。

具体说说呗。

化学工程师需要熟悉反应工程的基本概念，就像知道化学反应的原理，这样才能设计和优化反应过程。要会根据要求设计合适的化学反应路径和条件，就像给化学反应规划最佳路线，得到期望的产物。了解不同材料合成方法，像化学合成、沉积等。熟悉化学合成实验操作，能进行实验室合成和小规模生产。实验技能也得有，比如会设计实验、制备样品、测试分析。掌握各种化学分析技术，能对反应产物进行分析表征。熟悉工艺控制方法，能控制反应温度、压力等条件。会分析解释实验数据，从里面提取有用信息。了解用计算机辅助工具进行化学反应模拟和建模的基本原理。

这些技术要求可能会因具体的公司、项目和任务而有所不同。化学工程师需要在化学和工程领域有深厚的专业知识，并能够将这些知识应用于材料制备过程中，确保所需的材料性能和质量达标。

（3）材料科学家

材料科学家在集成电路辅助材料方向上可重要啦！他们得掌握好多和材料研究、开发、应用相关的专业技术才能好好工作。

都需要啥技术？

材料科学家得掌握各种材料分析技术，像 X 射线衍射、扫描电子显微镜、透射电子显微镜、能谱分析这些，用来分析材料结构和性能。熟悉不同材料合成方法，比如化学合成、溶液法、化学气相沉积、物理气相沉积等，制备特定性能的材料样品。了解材料性能测试方法，像热性能测试、电性能测试、力学性能测试等。了解用计算机辅助工具进行材料性能模拟和预测的方法，像分子动力学模拟、密度泛函理论等。会通过微结构控制、合金化等方法改善材料性能。

了解了材料性质之类的知识后，还要能设计合理的实验方案，准确制备样品并进行各种测试分析。会分析实验数据，解释材料性能和行为。掌握科学研究方法和流程，会写技术报告和论文，把研究成果传达给团队和科研社区。要和其他研发人员、工程师、科学家合作好，跟非专业人士也能沟通清楚。还得跟踪材料科学领域最新研究进展和技术趋势，了解新材料和新技术。

这些专业技术将使材料科学家能够在集成电路辅助材料领域中有效地进行研究、开发和应用工作，以满足特定的技术需求。

7.2.2 工艺岗位

工艺岗位有工艺工程师、生产经理等，他们就像是生产过程中的“指挥官”。他们对各种生产工艺了如指掌，像化学合成、物理沉积、涂布这些，就像熟悉各种作战兵法一样。他们能制定出合理的生产流程和工艺参数，保证生产又稳定又高效，产品的质量和性能都一样好。就好比在光刻胶生产的时候，他们要控制好温度、压力、时间这些参数，让光刻胶的性能一直稳稳的。他们还需要让产品更加符合市场需求。

（1）工艺工程师

嘿，你知道工艺工程师是干啥的不？

具体不太清楚呢，快说说。

工艺工程师就像是集成电路辅助材料的超级大管家。他们的主要工作呀，就是要保证辅助材料的制备、加工和应用工艺能满足集成电路制造的要求。在材料生产和处理过程中，他们可是关键人物呢！得让辅助材料有合适的性能和质量，这样才能支持集成电路的制造，让它性能超棒。而且他们还不断进行工艺开发、优化，解决各种问题，确保辅助材料在集成电路制程中发挥出最佳效果。

听起来很厉害，那需要啥技术呢？

首先要会工艺开发与优化，就像个创意大师，能设计、开发和优化材料制备和处理的工艺流程，达到所需的性能和质量标准。制程参数控制也得会，熟悉调控工艺参数的方法，让制程参数稳稳地在稳定范围内，这样生产出来的东西才会都一样好，有可重复性。

设备操作和维护也不能少，得熟悉所用设备和工具，有点小毛病还能自己排除。实验设计和执行也很重要，能设计出合理的实验方案，准确地做实验，还得把数据和观察结果好好记录下来。数据分析和解释的能力也得有，能从实验数据里挖出有用的信息，解释材料性能和工艺过程。质量控制方法要了解，知道怎么保证生产过程中的材料质量和工艺稳定性。遇到问题能解决，快速找到优化方案，提高工艺效率和产出。

材料性能测试也要熟悉，像热性能、电性能、力学性能测试这些方法都要懂。文档编制和标准化也不能忘，能写出工艺流程、操作指南和标准作业程序，让工艺过程规范又标准。团队协作和沟通也很关键，能和跨部门的小伙伴一起合作，把工艺需求、问题和解决方案说得明明白白。

除此以外，还得有工艺改进的能力，不断找新方法和新技术来提升工艺效率和质量。要了解材料在集成电路制程中的应用场景和要求，把工艺过程和最终产品联系起来。还要持续关注材料科学和工艺领域的最新发展，保持对新技术的了解。有问题诊断能力，能识别和解决工艺中的问题，分析出故障原因，提出解决方案。

工艺工程师的主要工作内容为负责确保辅助材料的制备、加工和应用工艺能够满足集成电路制造的要求。他们在材料的生产和处理过程中扮演着关键的角色，以确保辅助材料能够提供适当的性能和质量，从而支持集成电路的制造和性能。且他们通过持续的工艺开发、优化和问题解决，确保辅助材料在集成电路制程中能够发挥出最佳的性能和效果。

（2）生产经理

生产经理呀，就像是集成电路辅助材料生产的大指挥官。主要负责管理和监督生产流程，确保生产按照计划顺利进行，还得保证生产过程中的效率、质量和安全。在工艺岗位中，生产经理的作用可重要啦，要协调各个环节，确保生产目标达成。

那生产经理需要啥专业技能呢？

生产经理需要牢牢掌握质量管理的知识，知道质量控制的方法和技术，建立和维护质量标准，保证生产过程中的材料质量符合要求，这非常重要。生产计划和调度也得熟悉，合理安排资源、人员和设备，确保生产任务按时完成。生产效率提升的能力也得有，能优化生产流程，提高生产效率、降低成本、增加产能。

数据分析也不能少，能分析生产数据，从中获得生产绩效和趋势的洞察，为决策提供支持。工艺优化要了解，能推动工艺改进，提升生产流程的稳定性和一致性。安全管理也很重要，要理解生产环境的安全管理要求，确保员工遵守安全规定，保障生产安全。项目管理也得会，能有效地管理项目，设定目标、制订计划、分配任务并监控进展。

7.2.3 应用与支持岗位

集成电路辅助材料方向上有一个重要的岗位，叫应用与支持岗位。这个岗位的人可厉害啦，他们主要负责跟客户聊天沟通，还要提供技术支持，要确保那些辅助材料能被正确应用，还要满足客户的各种需求呢。他们就像是在技术和客户之间搭了一座桥，帮客户解决技术难题，推动材料好好地被用起来。他们不光得有技术专业知识，还要有很棒的沟通和协调能力，以及解决问题的本事。这个岗位有两个方向：一个是产品应用工程师，另一个是技术支持工程师。

（1）产品应用工程师

产品应用工程师就像是材料应用的小魔法师。在集成电路辅助材料方向上，他们主要在材料的应用阶段给客户提供技术支持和解决方案。他们要确保材料能正确地用到制程里，满足客户的需求。要当产品应用工程师，要有一些专业技术呢。

啥技术啊？

首先得会用各种分析技术，比如扫描电子显微镜（SEM）就像个超级放大镜，能看清材料的结构；X 射线衍射（XRD）就像把神秘钥匙，能解开材料结构的秘密；红外光谱（IR）就像个小侦探，能找出材料的特点。还要会设计适合不同制程的材料应用流程，就像给材料铺一条正确的路。会设计实验，收集数据并分析，从里面找到有用的信息。掌握数据分析和统计方法，从数据里挖出宝贝，指导制程优化和解决问题。能和客户建立好关系，就像好朋友一样，知道他们的需求，给他们提供技术支持。还得会用工程计算和模拟软件，就像提前预测材料在不同条件下会有啥效果。

（2）技术支持工程师

技术支持工程师就像是“售后服务人员”。他们要给客户提供日常的技术支持和培训，得有很好的沟通能力和服务意识，就像特别热情的服务员一样，耐心地回答客户的问题，让客户享受优质的服务。他们还得定期回访客户，看看客户用得咋样，需求有没有变化，给公司拓展市场提供参考。要当技术支持工程师也得有专业技术哦。

技术支持工程师要理解集成电路制程的流程和步骤，就像知道一场游戏的规则，然后给客户设计合适的材料应用流程。会从实验数据里提取信息，分析材料性能和应用效果。会用工程计算和模拟软件，预测材料在不同条件下的应用效果。还要有很强的问题解决能力，能分析问题，找出根本原因，就像侦探破案一样，然后给出解决方案，确保制程正常运行。

7.2.4 质量与测试岗位

这个岗位有质量工程师，他们就像是产品质量的“守护者”。他们熟悉质量管理体系和各种检测方法，就像熟悉各种武功秘籍一样，能制定严格的质量标准和检测流程。他们要对原材料、半成品和成品都进行严格的检查和监控，保证产品质量达标。就像在封装材料生产的时候，他们要检查塑料、金属、陶瓷这些原材料的性能是不是合格。

测试工程师呢？

测试工程师就像是“产品质检员”。他们掌握各种测试设备的使用方法，能准确地测量出产品的各种性能指标，就像有一双超级精准的眼睛一样。他们会根据产品的特点和客户的需求，制定合理的测试方案，给产品质量提供可靠的依据。

首先要熟悉各种测试方法，就像有一本测试魔法书，知道物理性能测试、化学分析、结构分析这些方法，还能正确操作相关测试设备。要掌握各种测试设备和仪器的使用方法，就像会用各种神奇工具一样，还要会维护这些工具。会用数据分析工具也很重要，能处理测试数据，从里面挖掘出有关材料性能和质量的信息。要理解和应用质量控制方法，能制定质量控制流程，确保产品符合质量标准。熟悉化学分析技术也不能少，能对材料的成分进行准确分析和评估。掌握各种材料特性分析方法也很厉害哦，像 X 射线衍射、扫描电子显微镜这些，能用来评估材料性能。要熟悉相关的质量标准和法规，确保材料符合各种要求。会设计实验也很关键，能确定测试方法和参数，获取有关材料性能的可靠数据。还要具备基本的统计分析能力，能处理测试数据和评估质量。

当然，随着技术不断发展，这些技术也可能会有变化和补充。

7.2.5 市场与销售岗位

市场与销售岗位肯定很有意思吧？

是呀！市场专员就像是“宣传员”。他们要知道市场的动态和客户的需求，然后制定有效的市场推广策略，就像想出各种吸引人的广告点子一样。他们通过各种办法宣传公司的产品和技术，让公司的名字更响亮、口碑更好。像参加行业展会、办技术研讨会、发产品广告这些都是他们的活儿。

那销售人员呢？

销售人员得有很好的沟通能力和销售技巧，能了解客户的需求，给客户提供个性化的解决方案，就像能根据不同人的喜好推荐不同的东西一样。他们要和客户建立好关系，把客户的意见和建议及时反馈给公司，给公司的产品改进和市场拓展帮忙。

作为市场专员或销售人员，首先要会市场调研和分析，就像一个市场小侦探，能收集、整理和分析市场数据，了解市场趋势、竞争状况和客户需求。数字营销也得会，有数字化推广的能力，像会玩社交媒体、会搞搜索引擎优化、会发电子邮件营销这些。活动策划与执行也不能少，能像个活动小导演一样，策划并组织各类市场推广活动，比如展览、研讨会、促销活动啥的。市场文案撰写得厉害，能写出宣传文案、博客、新闻稿这些，把产品信息和品牌价值传达出去。沟通和协调能力要好，能和内部团队、合作伙伴还有客户愉快地互动。创意思维得有，像个创意小达人，能提出创新的市场推广方案和创意活动。客户关系管理也得懂，了解客户关系管理工具，能建立并维护好客户关系。市场定位和品牌管理也得会，能让产品或服务在市场中有差异化竞争优势。销售技巧也得了解，能和客户进行有效的沟通和谈判。项目管理也要会点，有基本的项目管理能力，能合理规划和组织市场推广项目。合作伙伴关系管理也很重要，能和合作伙伴建立和维护好合作关系，一起推动市场活动。市场竞争分析要会，像个竞争小分析师，能分析竞争对手的市场策略和活动，为自己制定策略提供依据。设计也要了解点，知道基本的设计原则，能参与设计宣传材料和活动。批判性思维也不能少，能审视市场数据和趋势，进行批判性思考，提出有建设性的观点。

市场与销售岗位人员要综合运用市场调研、数字化推广、创意策划、数据分析、沟通协调等好多方面的专业技能，才能实现市场目标，提升产品或服务的市场占有率和品牌价值。

7.2.6 环境与健康安全岗位

这个岗位有EHS专员，他们就像是“安全卫士”。他们熟悉环境、健康和安全方面的法律法规和标准，能制定和执行公司的EHS管理制度。他们要评估和控制生产过程中的环境因素和安全风险，保证员工的身体健健康康，生产环境安安全全。就像在使用和储存化学试剂的时候，他们要确保员工戴好防护用品，防止试剂泄漏或者爆炸这些事故。

那环保工程师呢？

环保工程师就像是“环境守护者”。他们负责处理生产过程中产生的废弃物和污染物，掌握很多环保技术和设备，就像有魔法工具一样，能制定合理的环保方案。他们要把废弃物分类、处理和回收利用，减少对环境的污染。而且他们还得关注环保政策的变化，给公司的可持续发展提建议呢。

他们的本事可不少呢！首先要了解相关的环境法规，像废物管理、废气排放、水质标准这些都要知道，这样才能确保公司乖乖地遵循法规要求。还要会进行环境和健康安全风险评估，就像有个风险探测仪一样，能识别出潜在风险，然后给出预防和应对的办法。要熟悉健康与安全标准，像职业健康和安全管理体系（比如 ISO 45001）这些都得了解。还要知道环境监测方法，能分析废水、废气、噪声这些环境参数。工作场所卫生管理也要熟悉，要确保员工的健康和卫生。危险物质的分类和管理方法也要熟知，包括怎么存储、处理和处置危险物质。会准备环境与健康安全相关的报告和文档也很重要，像监测数据报告和合规报告这些都要会写。还要能进行环境与健康安全方面的内部审计，就像个小侦探一样，发现潜在问题，提出改进建议。还要具备与环保和健康安全监管机构合作的能力，要是有问题了，能协助解决合规问题。

有了这些专业技术，才能在环境与健康安全岗位上好好管理和维护公司的环境和员工健康安全，确保生产和运营活动既可持续又合规。

7.2.7 项目管理岗位

嘿，你想了解项目管理岗位不？那可老重要啦！

快说说，我挺好奇呢。

这个岗位有项目经理，他们就像是项目的“领导者”。他们得有很好的项目管理能力和团队协作能力，能制订项目计划、组织资源、控制进度和质量，就像一个乐团的指挥一样，让各个部门一起好好工作，保证项目顺利进行。比如在新产品开发项目里，他们要协调研发、工艺、质量、市场这些部门，让项目按时完成，达到目标。

那项目助理呢？

项目助理就是项目经理的小助手。他们协助项目经理处理项目里的日常事务，得有很好的沟通能力和组织协调能力，就像一个贴心的小秘书一样。他们要及时收集和整理项目信息，给项目经理提供决策支持，还要负责项目文件的管理和会议的组织，让项目管理井井有条。

听起来这个岗位责任重大呀。那干这个岗位需要啥技能呢？

技能可多啦！首先要熟悉常用的项目管理方法，像 PMBOK、敏捷、Scrum 这些，要像个魔法师一样，能根据项目特点选合适的方法。会制订详细的项目计划也很重要，包括任务分解、时间安排、资源分配这些，把项目安排得妥妥当当，确保项目按时交付。项目进度管理也不能少，得能跟踪项目进度，发现进度有偏差就赶紧解决，让项目按计划进行。还要会识别项目风险，制订风险管理计划，采取措施减少风险影响。团队领导与协调也得会，有团队管理技能，能激励团队成员，让大家齐心协力。沟通与协调能力要好，有良好的沟通能力，能和团队成员、上级还有利益相关者愉快地聊天。决策分析也得行，能基于数据和信息做出明智的决策，评估各种方案的优缺点。问题解决能力也得有，能识别、分析和解决问题，应对项目中出现的各种挑战。质量管理要懂，理解质量标准和流程，确保项目交付的产品质量杠杠的。合同管理也要会，了解合同条款，确保项目在合同范围内进行。变更管理也很关键，能管理项目范围变更，评估变更对项目的影响，然后做出决策。文档管理也不能马虎，要具备有效的文档管理技能，能把项目相关文件整理得整整齐齐。客户关系管理也得懂，要了解客户需求，和客户保持良好的沟通和关系。项目报告与汇报也要会，能编写项目报告、状态更新，沟通项目进展。要以客户为中心，始终保持关注客户需求和满意度。商务谈判技巧也要有，能和供应商、客户等进行合作谈判，就像个小外交官。

有这些专业技能，才能在项目管理岗位上更成功地规划、执行和管理项目，确保项目按时、按质地完成，同时和团队还有利益相关者保持良好的合作和沟通。

7.3 集成电路辅助材料工作需要具备的专业知识

大兵老师，作为集成电路辅助材料工作岗位上的一员，要掌握前面老高说的工作技能，就能在这个行业成为杰出的人才吧！

那可不是这样！要想在集成电路辅助材料岗位上站住脚，掌握相关的专业知识和先进的生产技术才是关键！

原来还有这么一说啊！那需要掌握哪些专业知识呢？

那让我一个个来给你说道说道吧！

7.3.1 研发岗位

（1）材料研发工程师

嘿，你知道要成为一名材料研发工程师得有啥厉害的本事不？

不太清楚呢，快说说。

要成为这样的工程师，得学习好多和材料质量、性能评估相关的专业知识呢。

都有啥关键领域和专业知识呀？

首先要懂材料科学与工程，就像有一本材料魔法书，要理解不同材料的性质、结构和应用，知道材料咋分类、有啥特性，还要会制备方法。化学也不能少，要了解材料的化学性质，掌握化学反应的基本原理和方法，就像个化学小魔法师。物理学也得明白，理解材料的物理性质，像热导率、电导率、磁性啥的，就像懂材料的物理小秘密。表面和界面科学也要了解，知道材料的表面和界面特性，还要会改变这些特性以满足特定需求，就像给材料化妆一样。

实验技术得熟悉，像样品制备、测试和分析技术。材料分析也要会，掌握材料性能分析的方法，包括结构分析、力学性能测试、电学性能测试等。材料模拟与建模也要懂，了解用计算机辅助工具进行材料性能模拟和预测的基本原理，就像提前预知材料的未来。材料加工工艺也要知道，了解不同材料的制备、加工和改性方法，像化学合成、热处理、溶液制备等。材料性能关系要明白，理解材料的组成、结构和性能之间的关系，能根据需求调整性能。对集成电路制程和应用也要有一定了解，知道材料在芯片制造中的应用场景。数据分析技能也要有，能从实验数据里挖掘出有用信息。创新能力也不能少，要有创新思维，能提出新的材料概念和应用领域。问题解决能力也要强，能识别和解决材料开发过程中的问题和挑战。沟通与团队合作也很重要，要有良好的沟通能力和团队合作能力，能和多个领域的人合作。

这些专业知识领域的重要性可能因具体公司、项目和职位要求而不一样。材料研发工程师得具备多个领域的知识，还要不断更新自己的知识，才能适应不断变化的科技环境。

（2）化学工程师

化学工程师在这个方向上得储备好多和化学还有工程相关的专业知识呢，这样才能在材料制备过程中进行设计、开发和优化。

都有啥专业知识呀？

首先要有化学基础知识，就像有一本化学魔法入门书，要知道化学反应的原理、分子结构、化学键、化学平衡这些基本概念。有机化学也不能少，要理解有机化合物的结构、反应机制还有性质，这可都是跟碳原子打交道的学问哦。物理化学也很重要，里面有反应动力学、平衡化学、电化学这些内容，能帮着理解反应机制，就像解开化学反应的密码一样。材料化学也要懂，要了解不同材料的化学特性和性能，还要掌握材料合成和改性的方法，就像给材料施魔法让它变得更好。化学分析也要会，各种化学分析技术要掌握，像红外光谱就像个小侦探能看出材料的秘密，质谱就像个超级识别器能分辨不同的分子，核磁共振就像个透视眼能看清分子的内部结构。工程原理也要明白，像传热、传质、流体力学这些化学工程的基本原理要清楚。反应工程也很关键，要理解反应器设计和操作，掌握反应的条件优化和规模放大方法，就像打造一个完美的化学反应工厂。工艺控制也要懂，了解工艺控制策略，能控制反应过程的温度、压力、流量这些，就像指挥一场化学反应的音乐会。化学工程计算也要会，能进行反应热学计算、质量平衡这些。实验技能也不能少，要会设计实验、操作实验，还有处理数据并分析，就像做一场化学魔法实验。安全与环保意识也要有，在化学实验和工程操作中要预防事故和危险，就像给化学魔法加上安全护盾。模拟与建模也要了解，知道用计算机辅助工具进行化学反应模拟和建模的方法，就像提前看到化学反应的未来。团队协作也很重要，能和其他团队成员合作，一起推动项目前进，就像一群魔法小伙伴一起冒险。沟通能力也要好，能把复杂的化学和工程概念用清晰的方式传达给非专业人士，就像给普通人讲魔法故事。还要跟踪化学工程领域的最新研究进展和技术趋势，保持知识更新，就像不断升级自己的魔法技能。

掌握了这些专业知识领域，化学工程师就能在集成电路辅助材料方向上更好地设计、开发和优化材料制备过程，满足特定需求啦。

（3）材料科学家

要掌握材料科学基础知识，就像有一本材料魔法入门手册，要学习材料的基本概念，像材料是什么组成的、有什么结构、有什么性能、怎么分类这些。固体物理学也不能少，要了解晶体结构、晶格缺陷、晶体生长这些相关原理，就像探索材料的微观神秘世界。还有材料分析技术知识也要掌握，要学习常见的材料分析技术。另外，对集成电路制程和应用也得有一定了解，得知道材料在芯片制造中的应用场景。

7.3.2 工艺岗位

你知道工艺岗位人员在集成电路辅助材料方向上得有啥厉害的本事不？

这我也不知道，快告诉我吧！

工艺岗位人员得学习好多专业知识呢，这样才能设计、优化和管理材料的制程流程。

那都有啥专业知识呀？

首先得懂材料科学与工程，就像有一本材料秘籍，要理解不同材料的特性、性能和应用，知道怎么选择和应用合适的辅助材料。制程工程也不能少，要学习生产制程的原理和方法，了解不同制程步骤对材料性能的影响，就像了解一场魔法表演的每个环节。质量控制和统计学也要掌握，要会质量控制的技术和工具，就像有个质量小卫士，知道怎么监测和控制制程中的质量。数据分析也很重要，要学习怎么分析制程数据，从数据里挖掘出有用的信息，就像个数据小侦探，用这些信息来指导决策和优化。设备和工具使用也得会，了解生产设备和工具的原理和操作方法，能有效地使用和维护设备，就像和设备成为好朋友。工程设计也要懂，学习怎么设计制程流程和设备配置，以达到所需的生产目标，就像个工程小设计师。工程计算和模拟也要学，知道怎么用工程计算和模拟软件，预测制程的效果和性能，就像有个魔法水晶球能提前看到结果。材料分析技术也要了解，知道不同的材料分析方法，能测试和分析材料的性能和特性，就像有个材料分析仪。业务理解也很关键，要了解集成电路辅助材料的市场需求、行业趋势和业务模式，把工艺设计和业务目标结合起来，就像给工艺设计装上导航仪。

这些专业知识领域能给工艺岗位人员提供必要的背景知识，帮助他们设计和优化生产制程，确保材料的质量和性能，还能推动工艺的改进和创新呢。

7.3.3 应用与支持岗位

（1）产品应用工程师

产品应用工程师为了在材料的应用阶段提供技术支持和解决方案呢，也需要掌握一些专业知识。

那都有啥专业知识呀？

产品应用工程师首先要了解材料科学与工程，就像有一本材料小百科，要了解材料的基本特性、性能和应用范围，还要理解不同材料在制程中的作用，就像知道每个材料在魔法表演中的角色。制程工程也不能少，要学习集成电路制程流程，了解不同工艺环节的要求和材料的应用，就像熟悉一场精彩演出的每个环节。质量控制和统计学也要会，掌握质量控制的原则和方法，就像有个质量小卫士守护着制程，知道怎么监测和控制制程中的质量。数据分析也很重要，要掌握数据分析技巧，从实验数据里挖掘出有用的信息，就像个数据小侦探，用这些信息指导制程优化和问题解决。材料分析技术也得了解，知道不同的材料分析方法，能测试和分析材料的性能和特性，就像有个材料分析仪。产品测试与验证也要学，学习测试方法和实验设计，能够验证材料在不同条件下的性能和稳定性，就像给材料做一场严格的测试。

这些专业知识领域能给产品应用工程师提供必要的背景知识，帮助他们在材料的应用阶段提供准确的技术支持和解决方案。

（2）技术支持工程师

作为技术支持工程师，他们首先要有材料学与化学知识，就像有一本材料魔法书，要了解材料的物理和化学特性，各种材料的组成、结构、性能啥的都得清楚。集成电路制程也要懂，要理解集成电路的制程流程，像晶圆制造、薄膜沉积、光刻、刻蚀这些步骤都得熟悉，就像了解一场复杂魔法的各个环节。材料应用知识也不能少，要理解不同辅助材料在制程中的应用方法，比如化学气相沉积、刻蚀、清洗等，就像知道不同魔法道具在魔法中的用途。材料性能分析也要会，能够分析材料性能数据，了解材料在不同条件下的性能表现，就像能看出魔法效果的好坏。数据分析与统计也很重要，会用数据分析和统计方法，从实验数据里挖掘出有关材料性能的信息，就像个数据小侦探。市场趋势与商务也要了解，知道集成电路材料市场的趋势和商务环境，还能为客户提供市场前景建议，就像个市场小预言家。

7.3.4 质量与测试岗位

嘿，你知道要成为一名质量与测试岗位的工程师得有啥厉害的本事不？

不太清楚呢，快说说！

要成为这样的工程师，得学习好多和材料质量、性能评估相关的专业知识呢。

那都有啥关键领域和专业知识呀？

首先要学习测试方法与仪器，就像有一本测试魔法书，要知道各种测试方法，像物理性能测试、化学分析、结构分析这些，还要了解相关测试设备和仪器的原理与操作方法，就像熟悉各种魔法工具怎么用。质量控制流程也要懂，要理解质量控制的基本概念和流程，像制定质量标准、质量检验还有改进措施这些，就像知道怎么打造高质量的魔法宝物。化学分析也不能少，要学习化学分析技术，掌握常见的分析方法，如光谱分析、色谱分析这些，用来检测材料成分，就像有个化学小侦探的本事。材料特性分析也很重要，要了解各种材料特性分析方法，像 X 射线衍射、扫描电子显微镜这些，能评估材料的性能和结构，就像有双能看透材料本质的眼睛。材料性能评估也要会，要学习怎么评估材料在不同应用条件下的性能，这样才能支持制程优化和质量控制，就像能判断魔法宝物在不同场景下好不好用。

有了这些专业知识，就能具备评估材料质量和性能、制定质量控制措施，还有解决测试过程中出现问题的能力啦。

7.3.5 市场与销售岗位

嘿，你知道在市场与销售岗位里，有市场专员和销售人员的就业机会不？

不太清楚呢，说说看！

要是你从事市场专员或销售人员这些角色呀，那可得学习和掌握一系列专业知识呢，这些知识能让你在制定营销策略、执行推广活动还有提高品牌影响力方面更厉害哦。

那都有啥知识领域呀？

首先要了解市场分割与定位，就像有个市场地图一样，知道怎么把市场划分为不同的细分市场，然后确定适合的目标受众，就像找到自己的魔法小伙伴。市场调研方法也不能少，要学习定性和定量调研方法，像问卷调查就像在收集魔法情报，访谈和焦点小组就像和大家聊天获取秘密。SWOT 分析要会，掌握如何分析公司的优势、劣势、机会和威胁，这些都能为制定策略提供依据。营销策略与计划也很重要，要理解产品、价格、渠道和推广等营销要素的综合策略，还要学习制定详细的市场推广计划，包括目标、策略、活动和预算。市场传播与推广也要懂，了解广告传播的基本原理、媒体选择和广告创意。还要学习通过媒体关系、新闻稿等方式提升品牌知名度。消费者行为与心理学也要了解，知道消费者在购买决策过程中的心理因素和影响因素。市场营销法律与伦理也不能忘，了解涉及广告、隐私等方面的法律法规，确保营销活动合规性。还要了解市场营销的道德标准，避免违反伦理规定。市场营销案例分析也很关键，分析市场营销领域的成功和失败案例，就像从别人的魔法故事里吸取经验教训。产品管理也要懂，了解产品生命周期管理、新产品开发过程等，这样才能更好地推广和定位产品。营销沟通与谈判也要学，学习与客户、合作伙伴有效沟通和谈判，提高销售技巧，如此才能让大家都愿意和你合作。

这些知识领域能帮你全面了解市场与销售的方方面面，让你能更好地规划、执行和监测市场与销售活动，实现市场目标，提升品牌影响力呢。

7.3.6 环境与健康安全岗位

要是想胜任集成电路辅助材料方向上的环境与健康安全岗位，那可得掌握不少专业知识，这样才能有效地管理环境和健康安全问题呢。

那都要学习哪些关键的专业知识呀？

首先就是环境法律法规啦。你要像个法律小百科一样，了解环境保护相关的法律法规，像废物管理、废气排放、水质标准这些内容都得门儿清。这就好比你要知道游戏规则，才能确保公司在环境方面不犯规。健康与安全标准也不能忽视。你要非常熟悉职业健康和安全管理标准，这就像是给员工的健康和安全上了一道保险。要保证公司的工作环境是符合这些标准的，这样大家才能安心工作。

环境影响评估也可重要啦！你要学习怎么进行环境影响评估，就像是给生产活动做一个“环境体检”。要能评估生产活动对环境的潜在影响，看看会不会对周围的空气、水、土壤这些造成不好的影响。

风险评估与管理这部分知识是要让你学会如何识别、评估和管理环境和健康安全风险。就像是一个风险探测器，你要能提前发现可能出现的危险，比如有害物质泄漏、火灾隐患之类的，然后评估这些风险的大小，再采取相应的措施去管理它们。同时环境监测技术也很关键。环境监测方法包括废水、废气、噪声等的监测技术。就好像你有一套环境监测的魔法工具，能随时检查公司的这些环境指标是不是在正常范围内。

卫生与安全管理部分是学习工作场所卫生管理的知识，目的就是保障员工的健康和安全。比如说，要确保工作场所的清洁、通风良好，员工有合适的防护装备，这些都是很重要的细节呢。你要掌握应急事件处理的知识，还要能制定紧急预案和行动方案。万一出现什么紧急情况，像化学品泄漏或者火灾，你要像个应急指挥官一样，知道怎么快速有效地处理，把损失降到最低。法律与伦理这个部分需要让你了解环境和健康安全领域的法律和道德准则。就像有一个道德和法律的指南针，确保你在工作中的所有决策和行动都是合法合规、符合道德的。最后，环境和健康安全策略就是要学习如何制定和实施环境与健康安全策略，为公司提供指导。你要像个战略家一样，根据公司的实际情况，制定出一套完整的环境和健康安全计划，让公司在生产和运营过程中既能保护环境，又能保障员工的健康和安全，确保所有活动都是可持续性和合规的。

通过学习这些专业知识，你就能更好地管理和维护公司的环境和员工健康安全啦，让公司能够健康稳定地发展呢。

7.3.7 项目管理岗位

项目经理得学习和掌握一系列专业知识，这样才能有效地规划、执行和管理各种项目哦。

那有哪些关键的专业知识领域呀？

首先是项目管理方法论。就像有一个魔法工具箱，要学习不同的项目管理方法，比如敏捷、瀑布、混合方法这些，还要了解各种方法的优缺点和适用场景，这样才能根据不同的项目选对方法。同时还要了解项目生命周期。这就像了解一个项目的成长历程。要理解项目从规划、执行到交付的不同阶段，还有每个阶段的关键任务和目标。就像看着一个小树苗长成大树，每个阶段都有不同的照顾方法。

项目规划与计划就像是绘制一幅项目的地图。要学习如何制定详细的项目计划，包括：任务分解，就像把一个大任务拆分成一个个小任务；时间安排，知道什么时候该做什么；资源调配，合理安排人员、物资和设备这些资源。项目成本管理就像管着项目的钱包。要学习如何制定项目预算，控制成本，不能让钱花超了。还要进行成本分析和预测，看看未来会不会超支。而项目资源管理呢？要理解如何分配和管理项目所需的人员、物资和设备资源。要让这些资源都用在最合适的地方，发挥最大的作用。

团队领导与管理是当一个团队的队长所要学习的团队管理技巧，要推动团队合作，让大家齐心协力。还要提高团队绩效，让大家都能发挥出最好的水平。还需要沟通与协调呢，像一个项目的外交官。要学习如何与团队成员、利益相关者和管理层进行有效的沟通和协调。不能让大家各说各话，要让大家都朝着一个目标前进。还要决策分析，要学习如何基于数据和信息做出明智的决策，评估不同选项的优劣。不能乱做决定，要有依据。

项目管理岗位还要学习如何有效地管理项目相关的文档和文件。不能让文件乱丢，要用的时候找不到。还要进行项目评估与总结呢，像当一个项目的老师。要学习如何评估项目绩效，看看项目做得好不好。还要总结项目经验，为未来的项目提供参考，让以后的项目做得更好。同时要了解法律与法规，给项目穿上一件合法的外衣。要了解与项目管理相关的法律和法规，确保项目合规运作。不能违法乱纪，不然项目就会有麻烦。

最后作为领导沟通也是一门技术，要学习领导力和沟通技巧，能够有效地领导团队和解决问题。让大家都愿意跟着你干，遇到问题也能及时解决。

通过学习这些专业知识，你就能更好地担任项目经理的角色啦。能规划、执行和监督项目，确保它们按时、按质完成。还能有效地协调资源和团队，实现项目的预期目标呢。

参考文献

[1] 赵婉雨．聚焦产业关键技术，把握第三代半导体发展机遇——第三代半导体材料产业技术分析报告［J］. 高科技与产业化，2019（05）：28-40.

[2] Arnone A，Bonaiuti D，Focacci A.Parametric optimization of a high-lift turbine vane［R］.ASME GT 2004-54308，2004.

[3] 陈龙，王纯，汪琳，等．电荷平衡共掺杂实现超掺杂极限和超低热导率（英文）［J］. 中国科学技术大学学报，2024，54（06）：3-10.

[4] 丁宁，王强，韩璐，等．离子注入对聚合物表面改性的研究与应用［J］. 当代化工研究，2024（05）：134-136.DOI：10.20087/j.cnki.1672-8114.2024.05.042.

[5] 符明富，戚自婷，王涛，等．化学气相运输反应制备掺杂黑磷［C］// 中国可再生能源学会光化学专业委员会，中国科学院物理研究所清洁能源实验室．第九届新型太阳能材料科学与技术学术研讨会论文集．云南师范大学，2022：1.DOI：10.26914/c.cnkihy.2022.013491.

[6] 朱玉广，王子睿，马服辉，等．pH 条件对铝合金化学机械抛光过程中纳米摩擦化学行为的影响［J/OL］. 表面技术，1-19［2024-11-18］. http：//kns.cnki.net/kcms/detail/50. 1083.TG.20241017.0906.002.html.

[7] 黄华佑，杨丹，李运泉．光刻胶的关键质量指标及其测试方法［J］. 仪器仪表标准化与计量，2024（05）：24-25，48.

[8] 李兆营，陈国雪．铝互连工艺中光刻胶残留原因及解决方法［J］. 电镀与精饰，2024，46（10）：96-102.

[9] 靳亚茹，于佳鑫．基于柔性掩膜板制备半导体场效应管［J］. 光学仪器，2023，45（01）：80-86.

[10] 刘延安，孙园园，芦鼎，等．显影液和版基对版材显影残留物形成的影响［J］. 信息记录材料，2024，25（11）：9-11.DOI：10.16009/j.cnki.cn13-1295/tq.2024.11.002.

[11] Xia D H，Deng C M，Macdonald D，et al. Electrochemical measurements used for assessment of corrosion and protection of metallic materials in the field：A critical review［J］. J. Mater. Sci.Technol.，2022，112：151.

[12] 陈宏幸．盐酸 / 氟化盐法刻蚀 Ti_3C_2 MXene 的结构形貌及产率变化研究［J］. 当代化工研究，2024（14）：49-51.DOI：10.20087/j.cnki.1672-8114.2024.14.016.

[13] 刘志彪，祝建敏，王少凡，等 . 湿法刻蚀对硅微表面损伤层及金属离子残留控制研究 [J]. 清洗世界，2024，40（07）：40-43.

[14] 袁翠然，朱立国，孙云秀，等 . 超声波清洗除垢技术在超滤过程中的应用研究 [J]. 盐科学与化工，2024，53（11）：10-12.DOI：10.16570/j.cnki.issn1673-6850.2024.11.007.

[15] 区昊雄，颜鑫承，王超，等 . 站立式石墨烯的化学气相沉积及其应用：现状与展望 [J/OL]. 科学通报，1-15[2024-11-18]. http：//kns.cnki.net/kcms/detail/11. 1784.N.20241105.1119.004.html.

[16] 李亚杰，张爽，秦凤明，等 . 激光金属沉积制备 TiC/316L 复合材料的组织及力学性能研究 [J]. 金属加工（热加工），2024（11）：17-21，27.

[17] 刘思杨，吕鹏程，李聪，等 . 电解法去除废旧 ABS 电镀材料表面金属镀层 [J]. 塑料工业，2024，52（04）：63-67.

[18] 王清元，王文军 .LED 封装用环氧树脂 AB 胶的进展 [J]. 中国胶粘剂，2024，33（08）：16-21，34.DOI：10.13416/j.ca.2024.08.004.

[19] 王怀山 . 低银无铅焊料球栅阵列焊点的热可靠性研究 [D]. 重庆：重庆理工大学，2016.

习　题

一、选择题

1. 以下哪一种技术与光刻技术无关。（　　）

A. 显影剂技术　　B. 曝光技术　　C. CMP　　D. 光敏化技术

2. 以下哪种元素材料很难被刻蚀。（　　）

A. Si　　B. SiO_2　　C. Al　　D. Cu

二、填空题

1. 背面涂层材料的涂覆技术有（　　）、（　　）、（　　）等。

2. 光刻和图案定义阶段所用到的辅助材料有（　　）、（　　）、（　　）、（　　）、（　　）等。

3.（　　）、（　　）、（　　）、（　　）、（　　）属于掩模版制造技术。

4. 写出一种碱性显影剂成分（　　），写出一种酸性显影剂成分（　　）。

5. 物理气相沉积是通过（　　）、（　　）金属沉积材料来实现金属粒子沉积在基片表面的技术。

6. 环氧树脂、硅酮树脂属于（　　），分别具有（　　）、（　　）的特性。

7. 封装材料包括（　　）、（　　）、（　　）。

8. 材料科学家得掌握各种材料分析技术，例如（　　）、（　　）、（　　）、（　　）。

9. 放入机器的显影剂的（　　）、（　　）、（　　）参数直接影响显影效果。

10. BARC 的全称（　　），中文为（　　）。

11. 焊料中（　　）焊料更加环保和健康。

12. 导电胶的（　　）、（　　）、（　　）、（　　）是其能否发挥最大作用的重要参数。

三、简答题

1. 背面涂层材料的作用。

2. 通过哪些操作可以让抛光液发挥最大作用?

3. 简述光刻胶的简单原理。

4. 简述超声波的清洗流程。

5. 简述掩模版的主要作用。

6. 简述温度、浓度对刻蚀剂的影响。